允许指点
但谢绝指指点点

王小毛 作品

Advice is allowed,
but
pointing finger isn't

人民日报出版社

Contents

目录

ONE
携一腔赤诚
来到未知的世界

在生命这棵大树上，枝枝蔓蔓是我们走过的路，有的人只顾往前走，一味拓宽自己的版图，可是真正唤来春意的，是那些长出叶子开出花的人。我们的善良，我们的梦想，我们的坚持，我们的追求，我们的心灵皈依，都是叶子都是花。在这个物欲横流的现实中，不要因为它们不能变成一口饭，就觉得它们华而不实。

不要因为怕被说矫情，就不做与名利无关的事 ·002
如果生活总是很费力，那就一定是错误的生活 ·008
感动你自己未必感动全世界 ·014
宁愿永远不会拥有那款包，只希望永远不缺钱 ·020
活得精致，不是病 ·026
没有多少男人给得起自己女人全世界 ·033
在爱情里做个有礼貌的人 ·039
有些安全感，只能自己给自己 ·043
她"遭雷劈"的时候，我被连累了 ·047

TWO
路过春天的时候
路过你

我庆幸,在我的身边,在不同的人生阶段,总是能遇上几个用心生活的人,他们在纷争中活得极为淡泊,从不追赶时光的流逝,总是以娓娓道来的姿态,平复着横冲直撞的现实。他们是柔软的、随和的,他们又是专注的、坚韧的。你焦灼于他们沉陷的方式,最终却不得不承认,在你奔赴远方寻找麦田的时候,他们就从当下开始一粒一粒收割。最终你得到的,永远没有他们多。

人生前二十几年的起起落落,你真的不必放在心上 · 056
努力过得好,但不必让所有人都知道 · 063
别在浑浑噩噩中活成别人的样子 · 068
有所保留的余力,比倾尽全力更贵重 · 072
还人情不能只图自己方便和心安 · 077
守规矩不是示弱的表现 · 082
想要谁都不得罪,只能自己活受罪 · 088
是的,就是积极努力赚更多的钱让我变得更好了 · 095

THREE

转角的风景更多

你越是努力往前走,感受到的恶意就越多;但无论有多少种外力东拉西扯,请都别偏离自己的方向。在不同的人生阶段努力做到最好,是一件永远正确的事,千万别驻足在旁人给你画好的安全线之前。你只需要记得,哪怕你比他们多走一步、多坚持一分钟,你都能看到不一样的风景,那时,尽情敞开怀抱感受新境界,至于身后那些人端盆瞭望的姿态如何,真的不重要。因为冷水不是背负,冷水是鼓舞。

她们比你美丽,还比你有能力 · 104
自甘堕落的人求救时,早已准备好一万种自救方式了 · 110
凭什么自己承担过去式的伤痛,成全对方将来式的美满 · 115
疼惜无罪,但不能只选立场不辨是非 · 120
爱情充满风险,我们要活得洒脱点 · 127
在人际交往中,人人都有美化自己的倾向 · 132
就算无路可走,有些人也万万求不得 · 138
聊天聊到死角是一种什么感受 · 146
这个世界再冰冷,也不缺你那盆冷水 · 152

FOUR
告别练习题的正确答案

从小到大，所有人都在向我描述重逢的喜悦，却没有任何一个人教会我面对离别。我站在痛苦的边缘，恍恍惚惚、反反复复间，总算为自己辟出一条出路，我自学抵御悲痛的战术，总算习得了告别的最佳方式。那就是创造一个世界，给那些被时光卷走、偏又放不下的人，找一个有迹可循的归处。肝肠寸断是一堂人生必修课，每个人经此一役方能自学成才。

在薄情的世界里深情地活着 ·160
自学抵御悲痛的战术 ·167
因为爱过，告别也欢喜 ·174
告别是人生的第一课 ·181
年轻与老迈的时光分水岭 ·189
怀着忐忑的心情一个人上路 ·193
在爱情里学会告别 ·198
我们为什么那么惧怕死亡 ·205

ONE
携一腔赤诚来到未知的世界

在生命这棵大树上，枝枝蔓蔓是我们走过的路，
有的人只顾往前走，一味拓宽自己的版图，
可是真正唤来春意的，是那些长出叶子开出花的人。
我们的善良，我们的梦想，我们的坚持，
我们的追求，我们的心灵皈依，都是叶子都是花。
在这个物欲横流的现实中，
不要因为它们不能变成一口饭，
就觉得它们华而不实。

/ 不要因为怕被说矫情，
　　就不做与名利无关的事 /

在很多人眼里，所图之事如不能量化，一切姿态皆是矫情。你若辩驳鸿沟巨宽难以跨越，在他们眼里，那就是对人生失意的强行美化。

小区里有很多流浪猫和流浪狗，常藏匿于某个角落里，惊恐地瞪着眼睛警觉观望着一切，在需要觅食的时候，才可见它们灵活地穿行于花花草草间。它们总是风尘仆仆、敏感孤寂，身上带着混江湖许久才会有的老练与距离感。常有居民抱着圈养的猫猫狗狗经过，像宝贝一样捧在手心里，也只有在那个时候，它们看过去的眼神，才存留一丝小动物的好奇和天真。它们无法拥有同类们那种养尊处优的生活，但好在天大地大，它们终还是可以拥有自由且动荡的生存机会。短短十几年，终其一生在漂泊。

我是个爱猫爱狗爱到不敢拥有的人。闲时，总是会带些食物，送到这些猫猫狗狗的藏身之地，尽己所能，给它们一点关怀和照顾，但我能力有限，做得不多。

相邻小区有位奶奶，非常善良，她义务照顾流浪猫狗十余年，大半积蓄、大半光阴也都耗于此，严重降低了自己的生活质量。最糟糕的是，有的邻居对小区内有成群猫狗出没表示不满，但碍于情面不好发作，就常在她的面前质问："你成天喂这些个畜生有什么用？你图个什么？它们能报答你不成？你有那个闲钱，还不如自己吃好点、穿好点。"

这时，奶奶多半笑而不语，但已领会别人的厌弃，也知自己放不下这些小生灵，于是她想办法，一点点地，把猫猫狗狗引到人少的地方喂养。

奶奶后来因为照顾流浪猫狗而出名，评论褒贬不一，有人说她善良，有人说她自私。我曾见过那样的场面：夕阳西下，满头银发的奶奶被一群小猫小狗围在中间，她笑吟吟地和它们说着话，抚摸它们的小脑瓜儿，就像对待自己的小孩。那些"小毛孩儿"在外面受了委屈，见到她，就像回到家找到妈妈一样。

奶奶财力有限，出于长远打算，有段时间一直在为这些流浪猫狗到处奔走，后来收到一些爱心人士的资助，也相继有一些人开始领养这些流浪猫狗，没有被领养的那些，在奶奶去世前，都被一个爱心组织接走了。

很多事情一旦沾染了名和利，至少在世人眼里，就不再纯粹。原先那些质疑过奶奶的人，犹如恍然大悟般，似乎明白奶奶不动声色地维护这些小动物原也不是那么单纯的，有人说她图钱，有人说她图名，有人说她一心向善不问前程是矫情，有人说她后期闭嘴不言也是矫情。紧接着，奶奶的一些陈年旧事相继被扒出来，她老年的孤寡和落寞也变得有根因可挖。

然而，她也不过是因为善良，厚待了一群陌生的无家可归的小动物而已。

我懂奶奶，从我看到她和小猫小狗们在一起的那天下午开始。在这座城市里，流浪猫狗太多了，她管不起那么多；但即便人微力薄如此，她还是没有随波逐流，至少，她改变了一部分流浪猫狗的命运。

而那些说三道四的人，又为这个世界做过什么呢？

我知道有一个姐姐，普通工薪阶层，常常节衣缩食，给希望小学捐款，给福利院的小孩送衣服、送文具。走在大街上，每次看到卖艺的表演者，她都会停下来，不顾众人眼光，往盒子里放几块钱，她能力有限，帮不了别人更多，但她从未因为自己能做得少，就不去做。这位姐姐小时候生活很苦，曾得到很多好心人的帮助和扶持，她现在所做的，也谈不上回馈社会这么宏观，她只是觉得，自己曾受人帮助，如今好过了，就应该多帮助帮助别人，就这么简单而已。

我见很多人起哄笑她假大方，她也不解释，继续自己的善行，然后便有人说她矫情，她还是不解释。

解释什么呢？在这个物欲横流的现实中，利益至上是大势所趋，你要是突然冒出来，以清奇之姿做点不图名利的事，总会有那么一群人，跳出来指摘你矫情。哪怕你只是用自己的时间关爱流浪猫和流浪狗，哪怕你只是用自己的工资给孤儿买了一个书包。

矫情这顶帽子,我最熟悉不过,可谓从小戴到大。不为别的,只因为我一无是处,却心怀梦想。

很多人都没有梦想。正因为如此,有梦想的人不幸成为异类。当年,我不肯像很多同龄女孩一样辍学打工,坚持要通过艰难的求学改变自己的命运,被一些人骂作矫情:你一个农村小姑娘还想有多大的出息?后来,我考出去,上了大学,毕业后放弃自己的专业,想去做自己喜欢的工作,又被一些人骂作矫情:好好找一份对口的工作就知足吧,满口都是"喜欢的工作",天底下哪有那么多招人喜欢的工作?做人别太矫情别太作;我努力探索自己的路,一步一步靠近自己喜欢的事情,因为过于专注,不想那么早进入婚姻,也被一些人骂作矫情:一个女人,早早结婚生子才是正道,其他都是瞎矫情;我在一众人中选了条件一般的那个男人结婚,还是被人骂作矫情:挑了那么久,最后就挑个这种条件的人,什么情投意合,还不是瞎矫情……

现在的我,做着自己喜欢的工作,努力靠近自己的梦想,和喜欢的人生活在一起。但在别人眼里,我是这样的:做着一份收入不是很高但工作强度及压力都很大的工作,业余时间还要点灯熬油做兼职,也没见赚多少钱,对象不帅也不富有。我说我很幸福,他们克制着自己的不屑为我鼓掌,转过身,鼻腔里便喷出一个"哼",心里说:"矫情!"

他们觉得,我一直那么努力,以所谓的梦想为由,去追求想要的生活,原来,就是为了错过大多数人都想要的好生活呀,这不是矫情是什么呢？

此时此刻，我要是敢说句"获得了内心的充盈"，他们大概会觉得我精神不正常吧。

在很多人眼里，所图之事如不能量化，一切姿态皆是矫情。你若辩驳鸿沟巨宽难以跨越，在他们眼里，那就是对人生失意的强行美化。

把动物养成宠物，不是矫情；但喂养流浪猫狗，是矫情。在自己需要帮助的时候求助他人，不是矫情；在他人求助无门的时候主动伸出援手拉一把并不图报答，是矫情。随波逐流过上了大多数人认可的生活，不是矫情；独辟蹊径去追求自己想要的生活，是矫情。赤裸裸地谈论物质享受，不是矫情；坦荡荡地遵从精神享受，是矫情。

我承认名利很重要，我也很想要，但它们并不与我想要的生活姿态相悖。这世上没有绝对的物质生活，也不该有绝对的精神生活。各取一点，不放弃现实与秉持，最为理想。我始终不能理解，为什么会有那么多人，永远都甘心停留在马斯洛需求层次中最下面的一层，哪怕捂出了痱子，哪怕吃撑了，人生最大的追求也还只是温饱。从朴素的温饱到华丽的温饱，利为温饱，名为温饱，在他们眼里，一切不能落实到衣食住行的努力和攀爬，就全都是矫情和做作。

这是多么悲哀的事，我恐惧变成这样的人。你若永远做着旁人可以理解的事，你过的只能是旁人拥有的那种生活。在生命这棵大树上，枝枝蔓蔓是我们走过的路，有的人只顾往前走，一味拓宽自己的版图，可真正唤来春意的人，是那些长出叶子开出花的人。我们的善良，我们的梦想，我们的坚持，我们的追求，我们的心灵皈依，都是叶子都是花。在这个物欲横流的现实中，不要因为它们不能变成一口饭，就觉得它们华而不实。

也不知从何时起，我喜欢看一个人捂着心口，看向远方，字斟句酌地表达自己的内心感受。我知道，那样的人，必定有过很多这般"矫情"的时刻。"矫情"一点儿没什么不好，它并不代表脱离现实，即便华服加身，也照旧可以向往以风为裳的日子。

此时此刻，我又想起那个阳光温暖的下午，奶奶和小猫小狗们在一起，细声细语，轻轻爱抚；旁边有穿金戴银、贵气逼人的阿姨经过，大声告诫自己的孙女不好好学习考不上大学就没有出息，最后肯定嫁不到好男人。我并不觉得，在那一刻，那位阿姨会比奶奶更幸福。

/ 如果生活总是很费力，
　那就一定是错误的生活 /

何谓大幸至极，就是一脚跨过那条界限，不与失意为伍，但与失意相邻。如果生活总是很费力，那就一定是错误的生活。

我所在的公司位于沈阳铁西区兴工街北二路的交叉路口，每天下午 5 点 30 分下班后，从写字间出来的我，都要面临一个非常尴尬的局面——我要搭乘的 129 路公交车正在和我一起等红灯。而我也因此不得不在很短的时间内做出一个选择——追，还是不追。如果选择追，我必须把握公交车转弯的时间差，快速穿过马路，以最快的速度狂奔两百米，争取先于 129 路公交车到达车站。晚高峰时路况很差，拥堵严重，赶上这班公交车，我能早点到家。如果选择不追，那我就可以从从容容地穿过马路，慢悠悠地步行，享受下班的轻松时光，目送这班公交车远去，耐心等待下一班到达，但往往要等很长时间。

关于这个小困惑，我问过很多同事：看到自己要搭乘的公交车，是使把劲儿追上它，还是果断放弃等待下一辆？有人说："当然要追的，年纪轻轻别那么懒散嘛，早点回家多好，何必在等待中白白浪费时间。"还有人说："不追不追，赶不上就坐下一趟咯，你早回家几分钟又能做什么，万一累个气喘吁吁最后还没赶上，或者追的时候发生危险，那多不值得！"

两年前，我是前者，但凡下楼后看到129路的影子，便把心提起来，早早做好冲刺的准备，哪怕当天我穿着高跟鞋、短裙子，也照跑不误。这是一种负荷强度高、爆发力强的无氧运动，上了车以后往往要平复半天。有时，为了确保自己能赶上这班公交车，我通常会提前五分钟收拾好东西等待下班，几乎踩着时间点走出办公室；如果发现自己有可能赶不上，还会充分利用路口的位置优势，钻南北向红灯已亮而东西向绿灯未亮的时间空子，抢先那么几秒。在和时间赛跑的过程中，我特别紧张，生怕自己错过这班车，只有等到我上了公交车、刷了公交卡以后，那颗悬着的心，才能落下来。根据切身体验，这比日复一日、细水长流的工作，累心多了。

但后来因为"一次没追上"，我改变了想法。

那天，下班时间刚到，我便急匆匆地冲出公司，跑到路口，扭头一看，不出所料，129路正排在几辆小车后面等红灯，我和往常一样做好了冲刺的准备。然而，那天司机开得飞快，我的两条腿终究不敌四个车轮，129路比我更早到达车站，偏偏上下乘客又很少，司机很快就关上车门发动准备驶离。我拼了命地跑，大声叫喊，希望司机能等等我，甚至我都拍到了后车门，但司机对我的声嘶力竭视而不见，还是绝情地踩了一脚油门。

唉，幸亏我追的只是车，不是车里的某个人。我一边这样自嘲一边弓着身子大口哈气，因为跑得实在过于奋不顾身，导致我的三魂七魄都没跟上我的脚步。那天我刚好处于生理期，身体本来就很不舒服，这一通追赶过后，觉得自己真的快要虚脱了。那位司机的态度，让我感觉特别愤怒、特别伤心也特别囧。他一定能在倒车镜里看到我，想必我在车后疯狂追赶的样子看起来一定很搞笑吧？我被风掀起刘海儿露出大脑门的样子一定很丑陋吧？我都拍到车门了你为什么不能等一秒钟呢？甩掉一个看起来极其依赖这种交通工具的小姑娘特别有拒绝他人的优越感吧？

但我能做的，只是一脸怨怼地目送那辆公交车傲娇地离开。车站里还站着很多等待乘车的路人，此时此刻，他们全都齐刷刷地看向我，等待看我如何宽解自己。我怀着一种被拒绝的苍凉感，低着头灰溜溜地钻到人群的后面。

真的，拼死拼活也追不上要搭乘的公交车，和倒追男神被当众拒绝的感觉是一样的。

也就是从那天开始，我发誓，以后永远都不会再追赶公交车了。有了这样的决断后，我不再踩着点下班，等电梯的时候不再火急火燎，出了写字间的大门也不再慌里慌张地定位129路公交车，即便看到它和我一起等红灯，也能淡定地等到绿灯亮了几秒钟后再走。它与我擦肩而过我无所谓，傍晚的风景特别好，我左看看右看看，优哉游哉地走到公交站，往往我刚到，

129路便驶离，但我一点都不觉得可惜。下一班车早来，我便早点回家；晚来，那我便晚一点儿回家好了。至于等待的无聊，其实也非常好排解。你时时挂念自己等的那辆车，多等一秒钟也会心急如焚，你只是单纯地等待，忘记那辆车的事，等待就等待，人之常态，利用这个空当发发呆、花痴偶像、看看街景、欣赏驶过的豪车，都是极好的。

在这座城市里，人人都有一辆公交车，介于追与不追之间。追了，累个半死，但提高出行便捷度，至少可以早点回家；不追，便能活得从容一些，晚点到家也无妨，总归是能到家的。

在我很小的时候，家长和老师便向我灌输这样的观点：人这一生，短暂且有限，所以你必须要争分夺秒，赶早不赶晚，抓紧时间去做该做的事情，明确自己的目标，才能真正实现人生价值。在过去的三十几年里，我一直被这样的教诲引导着，不断地从一个目的地奔向另一个目的地，其间有成功、有失败，但因为我的眼里只有目标，我的姿态只有追赶，所以这些年以来，我能记住的，竟然只有失败的遗憾、错过的痛苦，而没有成功的快乐，因为我从来没有真正享受过过程。

中考时，所有人都告诉我，你要努力，争取考上重点高中，而我当时的分数，正介于重点高中和普通高中之间。彼时的我，站在两所高中的中间位置，我锁定的，自然是重点高中。我每天学习到很晚，抛开一切杂念，做出向重点高中冲刺的姿态，然而，我最终没能被录取，与分数线仅差3分，重点高中一共从我们学校录取了6人，我是第7名。

读高中以后，我的成绩越来越不好，最后一次模拟考试，成绩已经跌落至二本和三本之间。我照旧拼尽了全力，但裸分仍距离二本录取分数线差了 5 分。幸运的是，我最后还是进了一所二本院校。拿到录取通知书的那一刻，我竟然有一种被神来之手从深潭中捞起的感觉。何谓大幸至极，就是一脚跨过那条界限，不与失意为伍，但与失意相邻。

然而，担惊受怕的宿命似乎从未停止。进入大学后，我活活被大学物理这门学科折磨了 4 年。第一次考试，59 分；老师说，努努力，补考多考 1 分就够了，结果我考了 58 分；室友说，别担心，大不了假期过后回来重修，结果我又考了 58 分；一直到毕业前最后一次大考，我用尽洪荒之力，一举考到 94 分，成绩出来时，连我自己都被惊呆了。

找工作面试时，我是面试官最后决定录用的那个人；在晋升和不晋升之间，我总是一而再再而三地卡在那里；业绩好难做啊，不努力就差那么一点点，拿不到奖金好不甘心，但努力了又未必能实现确立的目标；我喜欢的那个人只有一点点喜欢我，放弃吧有些不忍，执着吧也未必能得偿所愿……

在过去的三十几年里，我貌似一直都在临界点左右晃荡，永远提心吊胆地等待奇迹，永远以微弱优势获胜，或者以微弱劣势落败，在与目标对打的过程中，我从来没有大比分领先过，情绪永远都在遗憾未能尽力和后悔投入过多之间转换，如此下来，无论拥有还是失去，我的感觉都只有一个字：累，而且还特别没有成就感。我感觉自己好像一直被吊在悬崖边，只有进一步和退一步的发挥空间，任何前程都不在我的掌握之中，心焦，却无奈。

直到那一天，我平静地目送那辆本可以追上的129路公交车远去，顿觉原来不强求、不追赶的生活是如此美好，原来我还有其他的选择。我忽然就不想卡在某处挣扎了，放手，落地，也别有一番景致。其实命运从来都没有把我置于非好即坏、非生即死的境地中，是我自己非要站在中间忌惮失败、渴望所谓的成功，才把生活过成了这番纠结的样子。

该来的一定会来的，该去的就让它去吧。无数造化弄人的经历告诉我，不背负、不犹疑、不渴望、不在意的时候，反而更容易获得更好的结果，因为人生的每一次失败，都是从惧怕失败和无法面对失败开始的。我恍然，为什么那些年我越忧心什么便越会发生什么、越想要得到什么就越得不到什么，我之所以会忧心就是因为不知道该如何应对，我想要得到、想要成功就是因为我想借力绕过这个无解的问题，然而，际遇很顽皮，看穿我的逃避，它很想要一个答案，所以它一而再，再而三地把我推到了追与不追的困境当中。

现在的我，每天下班后，不再回头到车流里寻找等红灯的129路公交车，更无心与它抢跑，只按照自己的节奏从从容容地走着，我确实需要搭乘129路公交车回家，但我不是必须要搭乘指定的一辆，人生中的那些来不及、等不起，也许只是因为用错了对象。未必所有的错过都是遗憾，未必所有的等待都是浪费。如果生活总是很费力，那就一定是错误的生活。所以我不追，慢慢等，来得更快；所以我不忧，刚刚好，才算最好。

感动你自己未必感动全世界

> 这就是现实,无用功做了一辈子,它还是无用功。你搭进去半条命,它也不过是吞噬了你半条命的无用功。盲目地流血流汗是特别蠢笨的行为,如若砸不到点儿上,玩的只是一场自导自演的心理安慰。

小娅和男友分手后,日日以泪洗面,倾诉欲极强,恨不得拽住每个路过她的人,滚动式哭诉前男友的薄情与寡义。

"他当年踢球摔断了腿,是我陪他去医院,是我天天给他炖骨头汤,是我给他洗衣服,是我帮他处理一切繁杂事务,可是分手的时候,他竟然全都不记得了!

"我真的很爱他,我觉得他再也找不到比我更爱他的人了!我为他放弃了考研,放弃了老家的稳定工作,放弃了升职,我为他做了这么多,他怎么舍得离开我?

"我那么爱他,我对他那么好,比他妈妈都要贴心,他怎么忍心和我分开?"

诸如此类痛陈，我每天都能听上个七八条，从一开始深感痛心到慢慢觉得头大。身为密友，这些年，我确实目睹了小娅如何对前男友掏心掏肺。比如，小娅给那个男生洗了四年的衣服包括内裤和臭袜子，送了四年的早餐就差喂到嘴里，做了四年的课堂笔记和课程设计相当于修了一个双学位……每次在街上见到小娅前男友优哉游哉的样子，我都不禁想起小娅在人后当牛做马的样子。在很长一段时间里，我也觉得，这种愿打愿挨的相处模式，应该会让那个男生产生一种戒不掉的依赖感，应该能护佑他们走向天长地久吧。

结果呢，两人还是分道扬镳了，小娅的一颗真心伴着青春全都喂了狗。

冷眼旁观，其实分开了多好啊，小娅终于有机会去找一个对她好的男人了。但小娅是个非常偏执的人，她或许真心爱那个男人，或许对自己过去的付出耿耿于怀，她一直纠结于一个问题：我对他那么好，他怎么可能不爱我？

但是，谁说你对人家好，人家就必须要以爱你做回应呢？如果真是如此，那艰难的生活要变得容易很多呢！

从小学到高中，我在大家眼里一直都是个标准优等生，直接原因就是我够刻苦，堪称拿生命在学习。我上课认真听讲，下课也不休息，每个早自习、晚自习都不迟到早退，还经常给自己留额外的作业，最重要的是，我每天晚上都熬到很晚才睡，即便宿舍熄灯了也要拿着一个小手电筒缩在被窝里看笔记。那时候，大家都还小，心思单纯，一见我点灯熬油，瞬间联想到囊萤映雪、凿壁借光，简直就是妥妥的学习楷模啊！

但事实上，熬夜读书的效率很低，我根本什么都看不进去，我自己也知道，但为什么还要这么做呢？这是因为我一直觉得，只要苦读必获硕果，在这里，营造"苦"的气氛才是重点，我若不把自己累倒，如何配称刻苦？

在我读初中的时候，我确实累倒过一次。每天早起晚睡，加之营养也跟不上，身体吃不消是再正常不过的事。可这事落在旁人眼里，就变成了"王小毛超级用功都累晕了"，他们的语气中有赞叹、敬佩之意，落到我的耳朵里，让我感觉非常心安。

看，同学们、老师们甚至上天都看到我的付出了，我是如此刻苦，相信一定会取得好成绩的。

结果想必大家都知道。除去先天智力因素外，学习绝对是有窍门和捷径的，需要使用科学的方法，成绩好不好，如果只拼熬得久不久实在是无稽之谈，最多能在短时间内熬出头，但不会持久。家长知道你熬夜、同学知道你熬夜、老师知道你熬夜并不重要，熬夜不代表你会得就多，一切做作的姿态到了考场上都会现出原形，学不好就是学不好，就算把自己熬成老太婆，也只不过是自欺欺人而已。不讲究学习方法只知道苦学，就好像放着现成的火柴、打火机不用，非要钻木取火一样，刻意通过艰辛的过程获得相同的结果，这并不高贵啊！

很多学生都相信"用功"和"刻苦"具有神奇的改良作用，相信冥冥中一直有一双眼睛盯着自己看，只要自己做到"用功"和"刻苦"，让那双眼睛看到自己真的很努力，就会换来相应的回报。可是，不讲方法的"用功"和没有方向的"刻苦"只能代表你浪费了很多时间。就好像，你想走得远一点，为了获得神力的成全,你闭上眼睛开始在原地转圈,默默地转了一千年,最后累个半死,你觉得自己就剩半条命了,总该能换来想要的结果吧,但最终上天只是无情地嘲笑了你:它给面色红润、一步一步往前走的人安上了一对翅膀,却只送你一句话:你有病吧。

其实,想要得到你想要的,宏观来说很简单,用心找到关键之处,一步一步踩到点上,辅之以恒心和毅力即可。那为什么大多数人都得不到自己想要的呢?因为这些人,根本懒得去思考路径和方法,他们习惯了用自以为是的方式书写血泪史,一门心思实施量的堆积,企图换来质的改变。

说穿了,他们不想通过一点一点的进步来实现目标,他们喜欢用摧残自己的方式来换取目标:你看,我都这么惨了,你怎么也该让我心想事成了吧?

于是,就有了同类型的卷子做了一百套的学生,一味付出把自己爱得只剩半条命的男女,天天披星戴月加班的员工……学生累晕了,男男女女爱傻了,员工累成狗了,又能怎样?在绝对公平的环境下,考得好的永远都是那些聪明的、掌握了学习方法的学生,哪怕他只做了一套卷子;得偿所愿和真爱携手到老的永远都是那些懂得经营的高情商男女,哪怕他们从来没为对方做过赴汤蹈火的事;加薪升职的永远都是那些为公司绩效做出显著贡献的员工,哪怕他从来没有加过班。

这就是现实,无用功做了一辈子,它还是无用功。你搭进去半条命,它也不过是吞噬了你半条命的无用功。天地之间,从来就没有那么一个角色,弃理性不顾,用感性包容一切。"哎呀，看看这孩子都累晕了，好可怜噢，一定要让他考得好一点。"能有这种想法的人，唯有当事人自己，因为他率先被自己感动了。

我也见过很多拼尽了全力前行的人，他们最终也获得了想要的一切；但他们的圆满，并非只因为他们拼尽了全力，而是源于他们在找到正确的方法和路径的前提下，拼尽了全力。说到底，盲目地流血流汗是特别蠢笨的行为，如若砸不到点儿上，玩的只是一场自导自演的心理安慰。

多年前，我刚入行做写手，书读得不多，人生经验也不多，写了很多废稿。在之后的很长一段时间里，我把这些"废稿"当作勋章，我总是会有这样的潜意识：天啊，我都写出了好几十万字的废稿，总该进步了吧。但事实上呢，废稿就是废稿，它们代表的是我幼稚的思想、肤浅的想法和拙劣的文笔，如果不能向着越写越好的趋势发展，写几十万字和几个字没什么区别，别说是进步的阶梯了，就连眺望的垫脚石都算不上。

我也见过很多立志要靠文字养活自己的人，每天做出一副要死要活的样子，到处陈述他们受了多少累、吃了多少苦，好像吃苦、受累就能获得真理一样。谁没有吃苦受累的时候呢，在沉溺、摸索、迷茫的阶段，谁还没做出一些可以感动自己八十回的事情呢？但这些人最后之所以能走出那些阶段，并不是因为他们感动了自己，而是因为他们能够保持冷静的心态、理智的思维，潜下心来做有用的积累，做积极的探索，做勇敢的尝试。

嗷嗷叫几声就能峰回路转，那是襁褓中的婴儿才有的待遇。

还记得有个网友跟我分享她的减肥经历。当年，她是下定决心要瘦掉30斤的，甚至立了毒誓。她每天坚持跑步，无论刮风下雨；每天吃很少的东西，哪怕饿得眼冒金星。一开始，体重降得很快，但减掉15斤以后，便怎样都不会瘦下一点点了。她说，那段日子，她每天都是一边跑步一边痛哭，她不是因为瘦不下来而难过，她是为自己付出那么多而没有达到期望而难过，她常想自己这么辛苦这么克制，上天怎么舍得不让她瘦下来呢？

这种情绪持续一周后，她慢慢冷静下来，决定去找专业的健身教练咨询。教练建议她除了做有氧运动之外，配合做一些对抗运动，再配合教练提供的食谱，果然，她的体重终于慢慢降下来了。如今，她践行了减肥等于整容这句话，脱胎换骨后，百分百女神一枚。

万事万物，都是如此。能通过脑子和理智解决的问题，烦请别动用声嘶力竭，自怨自艾更是给不了你任何出路，我们在各种情境中苦挨绝不是为了感动命运、际遇或者上帝，而是为了得到我们想要的。任何时候，质问上苍，远不如剖析自己，果断抛弃主观的寄望，找到客观的原因和差距，勇敢面对现实。别总想着靠感动谁来打开新世界的大门，就一步一步踏踏实实走吧，你付出再多那都是应该的，因为这一切都是因为你太想要一个好的结果。你可以把你的努力一笔账一笔账记清楚，但最后，千万别指望际遇来埋单。

/宁愿永远不会拥有那款包，
只希望永远不缺钱/

这也是很多年轻男女在物欲中迷失的根本原因，他们向往一种生活档次，却不努力往那个档次上爬，只一门心思地想要揪住某个特征物大做文章。就好像，步入人生巅峰的第一步，就是先得有个昂贵的包一样。

有姑娘发问，毕业一年半，现有存款一万多，看上个托德斯的包，售价一万两千七，不知道该不该买。她特别喜欢这款包，百搭、有质感、有品位，自己活了二十几年第一次有这样的消费冲动。她还特意从杂志上剪下这款包的照片贴在床头，作为励志吉祥物，每天朝思暮想，茶饭不思，俨然已经成了她的心病。现在，她有如下几种选择：第一，倾家荡产地买下这款包，心惊胆战地从零开始继续存钱；第二，放下执念，退而求其次，去某网站买一个一模一样的A货，才几百块，反正她喜欢的只是包的样子，又不是品牌内涵；第三，真货假货都不买，活生生把自己的物欲掐死在摇篮里。

此问一发,乌泱泱一片回应。大多数人的建议是:买吧,不买你会后悔的;为什么要买假的,人生要精致,要买就买真的;没钱的时候看上的东西一定要想办法买到,免得以后你有钱了会遗憾,找不到那种快乐……

是啊,都是随口说说,反正又不花他们的钱。没准儿那些人前脚支持姑娘败光自己的家底,后脚就和卖西红柿的大妈为了五毛钱砍半天价呢。那姑娘现在缺的,不就是这种让人心一横的推力吗?

她让我想起了曾在某网站上看到的一个帖子,大意是为什么很多月薪不高甚至零存款的孩子,都在用苹果手机。有人说,苹果手机是在他们的消费水平内,他们所能买得起的最好的产品,既然如此,为什么不去享受?我就这件事问过我的弟弟,他的回答是:"我喜欢的东西我就要买到手,现在不买,以后即便有钱,也买不回这种渴望和快乐。"

彼时,他刚在苹果官网上订了一个iPad,是当时的最新款,售价四千多,相当于他当时的一个月工资。我阻止了很久,但没有用。还被弟弟嘲笑一番,说我不懂享受生活。

后来我想明白了,之所以我们两人的消费观差异会这么大,是因为我缺过钱,而他没有。我有节制地花钱,是因为我尝过没钱万事难的滋味。真的是寸步难行啊!我感慨这句话的时候,弟弟正看着我,一脸的不可思议。

有个同事经常和我一起逛街,次数多了,我就发现了一个特别有趣的现象:她从来不买打折的衣服,即便她喜欢。相比之下,我买打折货的次数很多。我们两个的收入水平相当,正品我也买得起，但我只买自己喜欢的，无论打折还是正品，而她非正价不要，永远提前一个季节买衣服，每次买完都肉疼好几天。后来，我才问明白，她只是觉得买正价货才能彰显一个女人的生活档次。

"不是有好多'心灵鸡汤'都在告诉我们要爱自己吗？买正价货不是比买打折货更爱自己？"

我随口反问："还有好多'心灵鸡汤'都在告诉我们，女人多攒点钱才能活得硬气呢，你咋不少花点多攒点？"

回到买包包那个姑娘那里。我曾亲眼见过很多女孩子，为了买一个名牌包，宁愿吃几个星期的泡面，甚至把自己搞到负资产。包包到手后，她们兴冲冲地背着去挤地铁、挤公交，平日里都是拿着包包开路，现在却要用自己的身躯护着包包；平日里下雨了，拿包包遮雨，现在直接把包包裹进大衣里，包包那么贵，自己痛点算什么。我不知道穿一两百的衣服背一两万的包包有什么意义，我也不知道节衣缩食买的正品和他人随随便便买的赝品狭路相逢会不会互相鄙视。只是，对于明显不具有奢侈品消费能力的她们，一个包，真的有那么不可或缺吗？

姑娘说："你这个不懂时尚的老女人，你知道什么叫Dream Bag吗？"

我知道啊，时尚杂志和时尚专栏中常出现这个词。但我还知道，你下个月要交半年的房租，你把钱都拿去买包了，露宿街头的时候能住在这个包里吗？你年纪轻轻的想要在职场上走得远一点，还需要参加各种培训和进修，那个包不能帮你冲破职场天花板。此外，你还应该去考个驾照，你谈恋爱的时候不该只花男友的钱,你结婚后极有可能住进永不属于你的房子,你在婚姻中不能保持经济独立绝对活得不硬气。

那些没有诸上烦恼的人,都没太把自己背的名牌包当回事;而你,即便有多个名牌包傍身,以后还是要为这些事烦恼。

的确,姑娘,你又没花我的钱,你愿意为大品牌埋单也是你的自由。但是,实话实说,就你目前的经济能力,背个奢侈品的包,不会让你变得从容,但卡里有一万存款,却能。你能保证自己在重新积累资本的过程中不会遭遇突发事件吗?你到时是打算跟父母张口还是向朋友伸手?你觉得自己背件奢侈品出去和背杂牌子的人借钱可笑不可笑?你觉得自己有个一万好几的包但卡里连一千块钱都没有讽刺不讽刺?

很多人想了想,便去买了个假包。那架势就好像——这世上只有这两种包可供选择一样。只是我不明白,你干吗非得在真托德斯和假托德斯之间纠结呢,你为什么不能根据自己的消费水平买一个其他品牌的真品?很想问问那个存款一万多的姑娘,如果你看好的那款包售价五万,你还纠结吗?

你必然不会纠结,更不会生出想买的欲望,因为差得太多。钱差不多的时候,想的是所谓的品质和品牌;钱差得多的时候,想的是自己的承受能力。这也是很多年轻男女在物欲中迷失的根本原因,他们向往一种生活档次,却不努力往那个档次上爬,只一门心思地想要拽住某个特征物大做文章。就好像,步入人生巅峰的第一步,就是先得有个昂贵的包一样。事实上,他们并不是多喜欢那些奢侈品,只是突然经济独立了,账户里忽然有了可自由支配的钱,少不经事的他们以为账户里有一点钱就等于有钱，一向被管制，忽然脱了缰，只觉得天大地大，唯不知天高地厚。

在我很小很小的时候，我特别爱吃三鲜伊面，但那时候我没有钱，想吃吃不到；稍微大一些，我喜欢各种公仔，但爸妈没有钱，我只能玩泥巴；再后来，我喜欢新衣服，但家里经济状况不好，我只能穿别人给的旧衣服。所有在我小时候没有得到满足的愿望，我现在一点都没觉得遗憾；如今我一一实现它们的时候，我也没觉得不快乐。我为什么要遗憾？我失去了一些，但我也得到了很多；我为什么要觉得不快乐？我通过自己的努力满足了搁浅在时光背后的愿望，呼应了那些成长的时光，难道不是一种不忘初心的圆满吗？

真的，这世上没有那么多时过境迁的错位感，你只是没把它放在心里而已。放心吧，如果你以后没有钱，你会庆幸当下没有败家；如果你以后有钱，你能获得比如今更多的快乐。所谓的情结，也只是因为没有遇到更好的。至于那些在成堆的名牌包包中一脸愁苦地忆想当年时光并不断唏嘘的场景，真的只存在于电影中。随之相伴的，是很多过往的人和事，女主角们念念不忘的绝不是那款没买到手的包，而是没得到的那个人。

所以，别再自己吓自己了。你当下不买，以后也不会后悔的。来自普通家庭的普通孩子们，磕磕绊绊混到毕业步入社会，肩负着家人的期冀，做着普通的工作，拿着普通的薪水，在这种普通的氛围中，我们从来不缺一件金光闪闪的奢侈品的装点，我们需要的是踏踏实实、从从容容的态度和资本。相较之下，我宁愿你永远都不会拥有那款包，只希望你永远都不缺钱。尤其是年轻的小姑娘,初涉社会,青涩懵懂,需要用自己的努力支撑自己的骄傲,这真的很重要,真没必要为了一件超出自己消费能力的物品,乱了自己的节奏。

/活得精致，不是病/

人想要活得糙，特别简单；但想要活得细致，特别难。

得知阿琳被确诊为甲状腺癌的时候，我正在厨房煲一锅养生粥，粥的做法还是阿琳教的。

在电话那端，阿琳拖着哭腔向我描述了她的病情，好在，发现得早，病症还不是特别严重，手术之后配合治疗，也不是没有痊愈的可能。

我安慰她一番，挂了电话，继续煮粥。赤小豆和绿小豆在水里翻滚，黑芝麻漂浮在水面上，想起阿琳往日的温和、友善，以及她的种种好，我忽然觉得心里有点苦涩，顺手加了几块冰糖进去。

阿琳是我所认识的人中，活得最精致、最懂得养生的女人，我一度觉得，很多人可能都会生病，只有她不会。她把自己管理得那么好，病魔根本没有偷袭她的机会，她怎么可能得癌症呢？

粥熬好后，我盛了一碗坐在沙发里喝。这时，接到另一个朋友小A的电话。小A在电话那端用惊恐的语气说："你知道吗？阿琳得了甲状腺癌！"

我说："我也刚知道，明天我打算去看看她。"

说完这话，我吸溜了几口养生粥。

小A问我："你在家里干什么呢？"

我说："我在喝养生粥啊，阿琳教的，特别好喝，你要不要尝尝？我告诉你怎么做。"

小A干笑了几声，说："我可劝你啊，千万别学阿琳。我早就说过，人就不能活得太细致，越糙越没毛病。你看看她，天天养生，结果呢？还不是得了大病，还不如我们这些成天瞎活的人活得健康呢！"

明明是普通的对话，我却从小A的口气里听出一丝得意之情。此时此刻，她似乎完全忽略了好友患病的事实，把所有的注意力都集中在"越养生越不养生"这件事上，就好像，养生和不养生不是个人的自由选择，而是两个阵营的对垒，就因为养生派阿琳得了病，她这个不养生的人，便取得了压倒性的胜利一样。

小A在电话那端幽幽地说了一句："人啊，就是不能太矫情。"

我早就知道，她会这么说。她和阿琳的交情不如和我亲密，如她所言自己活得非常"糙",原本和阿琳就是两路人,一直都带着批判的眼光看待阿琳的生活方式。

我记得有一次,另外一个朋友过生日,大家聚到一起吃饭。点菜的时候,嗜辣如命的小A点的都是重口味的菜,比如毛血旺、干锅鸭头、捞拌、水煮鱼之类;而阿琳呢,点的都是清蒸系列,末了还点了个菌菇汤。这一顿饭的时间,小A的嘴就没闲着。

"阿琳,你天天吃那么寡淡不觉得烦吗?"

"阿琳,你这是打算要活到120岁吗?"

阿琳对养生非常执着,一直都很希望带动身边人一起养生,听小A再次质疑,便开启养生宣讲模式,跟大家说口味清淡的好处,但只是建议,没有绑架也没有强迫。坦白讲,在很多时候,我觉得阿琳说得没错。

在十八九岁的时候,我和小A一样,活得特别随性。我经常熬夜,吃冰冷的东西,喜欢吃从红油汤里捞出来的食材,觉得特别下饭。那几年,因为年轻,也没觉得身体有什么不舒服,最多冒出几个痘痘,几天就会下去。但过了25岁之后,我的身体开始出现各种不适,从西医的角度来看,所有指标正常,我没有任何疾病,但看过中医之后才发现自己已经不那么健康了。这时候,我才开始正视保养的问题。再加上身边陆续有人患病甚至病逝,让我更强烈地意识到,我们的身体,不是铁打的也不是钢造的,根本没有我们想象得那么坚强,特别需要精心的爱护。于是,我也加入到阿琳的养生队伍中。

我知道很多不养生的人,都特别看不上我们。在现实生活中，养生派对不养生派，最多是不认同，我们看见你糟践自己的身体会上前劝一劝，你拒绝接受，我们也不强迫。但不养生派对养生派，则是充满了明显的敌意，他们会发文讽刺，语气之尖酸令人叹为观止；他们会用自嘲的方式给养生派难堪，比如常把那句"我就是个粗人，没你那么讲究，能活多久算多久"挂在嘴边，来堵住养生派的质疑；他们会举出各种反面案例，来驳斥养生派，比如某个抽烟喝酒熬夜的亲属活到99岁，某个不抽烟不喝酒不熬夜的熟人活不过40岁，某个长寿老人到死还在吃红烧肉，某个短命鬼吃了一辈子素，等等。

我也不知道他们从哪里搜罗的证据，但凡网络上出现这么一条被当作奇闻趣事来报道的新闻，都会被他们无限放大，变成足以证明一切不爱惜身体的行为都不会伤害健康的有力证据，常常堵得你哑口无言，你看着他们驳倒你之后露出的得意神情，经常会错觉，似乎他们只要赢得了这场争论，就能赢得活得更好、更久的机会。

每一个养生的人，都不敢坚信自己能比不养生的人活得好、活得久，他们只是从科学的角度，认为这种生活方式更有利于身体健康；但大多数不养生的人，都觉得自己一定会比养生的人活得好、活得久，但凡这世上有一个抽烟喝酒的人能够活到99岁，他们都会觉得养生学就是伪科学，要不然怎么能被特例反证了呢？

而在这两个族群对峙的过程中，一旦养生派出现一个患大病的人，那么，所有的养生行为，落在不养生的人眼里，都会变成一种极大的讽刺。

一如阿琳，如今小Ａ不光觉得养生没有用，还会觉得养生有害处。一个侥幸活得久的不养生的人，和一个不幸得大病的养生达人，竟然就可以重塑小Ａ的生活观和价值观，想想也是挺让人无语的。其实，一个人是否会得大病，和很多方面都有关系，包括遗传基因、作息习惯、饮食习惯、工作压力、心情、环境等，养生不养生，不是决定性因素。

那我们为什么还要养生呢？养生的意义在哪里呢？

在诸多影响因素中，有一些来自外界，我们无力撼动；但有一些来自我们自身，是我们能够改变的。养生的意义就在于，我们可以在力所能及的情况下，去完善自己能改变的方面，不管以后这种改善有多大作用，不管这种改善是否足以抵抗我们不能改变的，我们都尽了全力去爱护生命。

当然，你选择不爱护，那也是你的自由。

阿琳后来做了手术，积极配合医生治疗，术后恢复良好。遭过这一劫，阿琳对生命的脆弱感悟更深，她比从前活得更加精致。小Ａ去看她，也不忘见缝插针地说道一番："你看看你，活得那么细致，经常做检查，又有什么用呢？以后啊，放开点。"

阿琳是这么回复她的："正因为我活得细致，我得的病才有救；正因为我经常检查身体，我才能及时发现病症，把它扼杀在萌芽期。"

阿琳一向不善言语，这是她说过的最有力的一句话，至今我还记得。其实，关于人生的过法，很多人都有自己的见解，很多人都能从中找到属于自己的乐趣，这也是很多人都讨厌被质疑的原因。小Ａ其实自己也知道，她那种肆无忌惮的活法存在很多问题,否则她也不能自评"活得糙"。但让小A细致起来,她势必要放弃很多种乐趣,比如熬夜玩手机的快乐,吃变态辣的刺激,久坐的舒适,不运动的轻松。毕竟,每天做这些事,是否真的会导致大病还未可知,但这些快乐、刺激、舒适、轻松确是真真切切存在着。她不想看得那么长远,她不喜欢自己的生活现状被质疑,她无力改变自己的习惯……这些应该都是她强烈抗拒活得细致的原因。

事实上,人想要活得糙,特别简单;但想要活得细致,特别难。像小A这种终其一生、绑手绑脚也戒不掉熬夜玩手机的人,大概也只有活得糙这种选择。所以,她才需要那些喝酒抽烟熬夜活到99岁、不抽烟不喝酒且不熬夜活不过40岁的个例来支撑自己,她才需要抓住阿琳患病的事实来告诉自己:你这样放纵自己是对的,就这么一直放纵下去吧。

我个人觉得,在这个世界上,只有两种人有资格嘲笑生病的养生达人:

第一种人,放肆生活,抽烟喝酒熬夜吃重口味不运动,但确实长寿且生命质量高。那人可以说:"哼,你活得谨小慎微,最后还不是活成那副惨样,我潇洒一生、放肆一生,活得比你久比你好呀。"

第二种人,抽烟喝酒熬夜吃重口味不运动,但随时都可以不抽烟不喝酒不吃重口味坚持运动。那人可以说:"养生有什么了不起?全看我的心情,活得细致和活得粗糙,我收放自如,都能适应,根本不算个事儿。"

如果你不属于以上任何一种,就烦请收起你看笑话的心态，赶快闭嘴吧；如果养生的病患值得嘲笑，那管理不了自己的人，更值得嘲笑。你以为谁都能养生吗？不信你试试看，你可能连在晚上11点之前放下手机关灯睡觉的意志力都没有呢。

/ 没有多少男人给得起自己女人全世界 /

> 放眼天底下，没有多少男人给得起自己女人全世界，这是由现实决定的。倾尽所有甚至负债累累去讨一个女生欢心那叫蠢，他透支的其实是女生未来的生活。这种盛大与隆重，其实是他们最后的欢腾。

　　七夕晚上，小婕被求婚了。不过，谈及此事，她看起来一点儿都不开心。同事们随口问了问，得知求婚现场只有十一朵玫瑰、一块蛋糕外加一枚铂金戒指。难怪小婕会是这样的反应。在很多人眼里，这样的求婚现场也算隆重，但和小婕的公主心相比，着实太寒酸了点。小婕曾不止一次和我们畅想过她未来的婚礼场面：租最豪华的酒店，将其布置成花的海洋，穿最漂亮的婚纱，披最长的头纱，最重要的是，她要拥有一枚一克拉的钻戒，蜜月要去爱琴海。

　　这等规模的婚礼，需要搭配何种规格的"前菜"呢？十一朵玫瑰、一块蛋糕、一枚小指环绝对是不够的。

相信很多女孩都想拥有小婕想象中的婚礼，毕竟结婚是一辈子的大事。但要实现这些梦想，光内心期许和口头规划是没有用的，要有大把大把的钞票才行。小婕男友诚诚只是个普通的职员，出身普通的家庭，月薪税后刚刚六千块，平日里特别节俭。去年，他贷款买了房，今年，又贷款买了车，在这座二线城市里，勉强算是比上不足比下有余，他能给小婕一个温暖朴实的家，但真的支撑不起小洁做过的那些公主梦。

"那你最终有没有答应他呢？"我问道。

小婕拧着眉头，最后摇了摇头，说道："我还在考虑中，别的不说，连一克拉的钻戒都没有。我们好了五年，这五年里，他从来没送过我什么像样的礼物，我也没放在心上，毕竟他要供房供车，但现在都到了谈婚论嫁的地步了，却连一个钻戒都不舍得买，感觉真有点儿说不过去，以后我们要是结婚了，我肯定会过得很惨的！"

我就笑笑不说话。小婕所谓的"惨"，我大概也能想象得到：两人结婚后，管你是务实派，还是浪漫风，都得拧成一股绳，省吃俭用供房子、供车子；努力工作之余，发展第二事业，他可以去跑网约车，她可以去朋友圈做微商；等到攒够一笔钱，就可以把生宝宝提上日程；宝宝出生后，两人彻底转移生活重心，双方老人也开始参与他们的生活；以后，伴随着鸡飞狗跳、鸡毛蒜皮，小宝宝健康成长，双方老人日渐衰老，小两口开始体会上有老、下有小的窘境，累并快乐着。

这种模式，广泛存在于我们的身边，一抓一大把。哪有什么花的海洋，哪有什么爱琴海，哪有什么一克拉的梦想呢？

至今我还记得，当初小婕追求者众多，不乏条件优越者，但小婕最终选定了现在的男友，很多人都问她原因，她说："只有他能让我安心。"

是的，一个做事踏踏实实的男生，不会甜言蜜语，不会开空头支票，他对她的重视，件件落到实际中。他早早带她回家见父母，把她介绍给所有的朋友认识，他努力攒钱买房子，努力攒钱买车子，一切准备妥当后，他才向她求婚，想跟她过一辈子。这不就是我们常说的现世安稳吗？

但如今，获得了安心的小婕，又开始不甘心了。其实她早该知道，诚诚实现不了的，不仅仅只有一克拉的梦想，以后，他达不到的要求会更多。他可能不会再带小婕去吃西餐，不会再给小婕买花，甚至连甜言蜜语也说得越来越少，他们只能像许多平凡小夫妻一样，在平平淡淡中体味细水长流。我并不觉得，这就代表诚诚不爱她。

闲来无事的时候，我喜欢刷刷微博，常能看见月薪几千块的男生因送不起女朋友奢侈品转而被看客们狂喷的场面，比如："本人男，二线城市，月薪税后五千，刚倾尽所有贷款买了房，经济拮据，因为有次逛商场没给女朋友买一支四百块的口红，女朋友生气了,怎么办？"这个问题刚问出来，便惨遭群喷，"本人月薪一万还没有女朋友，你给女友买个口红还不愿意""连四百块的口红都不给买，你真不是一般小气""只能怪你不上进，一个月才赚五千块""只有无能的男人才会觉得女人虚荣""你与其在这儿抱怨，不如提高自己，多赚点钱"……

真是看得我目瞪口呆。我一点儿都不觉得，在二线城市月薪税后五千就是不上进，我也不觉得凭自己能力贷款买房的男人无能，我更不觉得没有闲钱给女朋友买四百块的口红就是小气。按照这种标准，百分之七八十的男生，都不配有女朋友了。现在大多数出身普通的年轻人，不都是生活在这个层次上吗？读完大学，找份工作，一点儿一点儿积累，一点儿一点儿进步，努力跳槽到更好的企业，提高工资级别，找一个女朋友，谈恋爱的目的是结婚，工作几年后用积蓄付首付，用公积金还贷，再过几年买辆小车，结婚，生子，完成这几件大事，踏踏实实过日子。在以后的生活里，可能还会有四百块的口红，也可能没有，具体要看经济条件，这和爱与不爱没有关系，难道有了女友之后努力拼搏、事业腾飞、要啥买啥才叫爱，毫无起色只能看钱包生活的就是不爱吗？两个人都收入平平，要还房贷、还车贷，上有老下有小，这个时候女人还要男人给自己买一支四百块的口红，不给买就拿"你是个无能的男人"这句话来压一压，还真是不给人活路呢。

在一段恋爱关系中，女生滥用性别优势其实不是多么光荣的事。分寸把握不好，就有一种在入地狱之前狂作一把只为了让男生付出一定代价的即视感，她知道婚后将要面临什么，只想通过对方的付出，让自己更平衡一些。其实，在决定和一个男生走下去的时候，女生早就该知道以后要过怎样的生活，两个人以后可以一起积极努力地去过想要的生活，但其中一个试图跳出共同的责任一味追逐自己想要的，其他因素一概不考虑，那么这段关系，就不应该开始，因为彼此都选错人了。

这世上，肯定有很多男人送得起一克拉的钻戒，也去得起爱琴海；肯定有很多男人觉得四百块的口红都是毛毛雨，他可以大手一挥所有色号一样给你买一支。你不去找这样的男人，偏偏找了买不起的那个，认定了人，又不认命，整日还用一些"上进""真爱"的字眼来实施负面刺激，你倒是刺激刺激你自己，释放洪荒之力去拼搏、去经济独立啊，想要啥自己买，那多有趣！

不知道小婕最后会不会答应诚诚的求婚，如果只是差了一枚一克拉的钻戒、差了一趟爱琴海之旅，想必诚诚无论如何都会想办法满足她的。但他们之间的问题，并不仅仅如此，公主梦即将打破，但小婕根本没有做好疼痛的准备，等到诚诚掀开了面纱，歌舞笙箫散尽，烟火成灰，杯塔倒塌，脱掉婚纱，从爱琴海归来，生活回归本来面目，小婕又将以怎样的心态面对透支一克拉钻戒和爱琴海之旅的信用卡账单呢？

现实就是现实，现实里没有那么多挥金如土的霸道总裁和热血无畏的骑士，收入平平的男生不肯消费超出自己能力的商品这是多么正常的事，别动不动就给人家扣上"不上进""无能""不真心"的帽子，倾尽所有甚至负债累累去讨一个女生欢心那叫蠢，他透支的其实是女生未来的生活。这种盛大与隆重，其实是他们最后的欢腾。大多数的女生，最终都要和普通的男生在一起，两个人走进婚姻后，肩上的责任越来越多，不能全由一个人来扛，所以，恋爱中的宝贝必须要长大，学会经营，学会平复。放眼天底下，没有多少男人给得起自己女人全世界，这是由现实决定的，无关爱与不爱、诚与不诚、上进与不上进。两个人在琐琐碎碎中携手并肩、白头到老，也是一种幸福，只不过烟火气浓了些，但一样值得珍惜。在这个过程中，你终将能放下对种种形式感的执念，找到一种最简洁、最实在的安稳。

/在爱情里
做个有礼貌的人/

恋爱中充满太多支配行为,这种支配不会强化自己的地位,反而会更加弱化自己。你只有一开始就与他平起平坐,以后才有机会和资本要求平等。

那日我和闺密茉茉在冷饮店内聊天,其间多次注意到坐在我们邻桌的那个大男孩,一是因为帅得光芒四射,二是因为他把他的焦躁都写在脸上,往垃圾箱丢面纸都是用了内力的。当他吃光两个圣代、一杯奶昔的时候,一个漂亮女孩翩然降临,只见她淡淡地打了声招呼,便面无表情地坐在男孩对面,一边翻杂志一边说:"亲爱的,我要一杯草莓奶昔,外加一个三明治,记得让服务员多加一片芝士。"

男孩盯着她看了一会儿,最终忍无可忍,说道:"你知不知道你迟到了两个小时?!"

女孩停下翻杂志的手,抬头看着男孩,一脸无谓地说:"我知道啊,但那有什么办法呢?我是起床困难户,我还得洗头来见你,倒霉的是路上还堵车,我还能飞过来啊?"

女孩说完这话,已经非常不高兴了,低下头接着哗啦啦地翻杂志,明明一句"对不起"就能解决的事,她却代之以那么大一堆废话,真搞不清是真的傲娇还是情商低,看得我尴尬症都犯了。

男孩涨红了脸,想说点什么,但他最后劝服了自己,带着一脸受伤的表情,起身去吧台为女孩点餐。

我有点心疼那个男孩,他一拳打到棉花上,大概是因为在乎得多,受了欺负只能自己消化。

从冷饮店里出来后,我们去了附近的商场准备买点换季的衣物。在茉茉进去试装的时候,一对小情侣走进来,女孩只背着一只玲珑的小包,轻装上阵,再看亦步亦趋跟在身后的男孩,浑身但凡能挂住袋子的地方,都没闲着,枝枝杈杈,好像一棵麻木的树。这时,女孩看好了一条裙子,转身把自己的小包也挂到男孩的脖子上,说了句"你在这里等我噢,我去试试看"。

我特意让出一块地方,示意男孩过来歇歇,但他苦笑着拒绝了,我瞬间明白,一旦他坐下来,等到女孩出来要走,倘若没有别人的帮助,他一时半会儿还真的难以做到把那些纸袋挂到原来的位置上去。

我忽然想起在我读大一时,系里有个女孩的追求者众多,但她眼高于顶,似乎一个都看不上,照理说,在这种情况下,直接拒绝最为干脆利落,但这个女孩却由此挖掘到实现利己主义最大化的捷径。她不答应，但也不拒绝，眼见着各路男生前赴后继，却没一个能全身而退。大学四年，有优等生为她答疑解惑，有暖男帮她打饭占座，有富二代缓解她月末的经济窘迫，还有一些平凡之辈，即便他们什么都做不了，她也舍得绽放自己的魅力，以保持居高不下的人气。

　　从小到大，我们时常能听到家长教育自己的女儿要矜贵。但在现实中，很多女生都曲解了矜贵的含义，她们片面地将其理解为高高在上的优越感，忽略了内在的高贵和修养才是一个女孩最为动人之处。于是，我们常能听到这样的言论：约会的时候女生应该晚到一会儿，出门时重物要扔给男生们拎，谈恋爱时女生要摆高姿态等。这样说来，似乎一个男生只有能够包容一个女生的不懂事、不独立，他才能称得上是个好男人，才配拥有爱情。

　　结果呢？这样的爱情把部分男生变成了无所不能的忍者，把某些女生变成了不礼貌的做人。顺利达到这个境界，那些男生才可能获得拥有爱情甚至婚姻的许可证，每一场求爱都沦为一场修行，那些女生变成了高高在上的"剥削者"。

　　可是，我们为什么要迟到？为什么自己拿得动的东西要用给别人负责？为什么不喜欢不能直接拒绝？为什么每一次出去约会都要男生花钱？在我们读幼儿园时老师就教过的道理，为什么等到自己长大了反而不懂了？爱情把我们变得如此丑陋，它的意义究竟在哪里？

　　我不喜欢那些"因为你是女生所以怎么怎么"的论调。恋爱中充满太多支配行为，这种支配不会强化自己的地位，反而会更加弱化自己。你只有一开始就与他平起平坐，以后才有机会和资本要求平等。

　　这时便会有很多女生说：本质上我并不是那么没有礼貌的人，我只是在考验他愿不愿意为我做这样的事，而后才能判断他是否值得交往。听起来似乎在理的话，实则不然。强迫男人不断付出，会让男人产生权衡得失的心理暗示和习惯成自然的惰性，这是最低级的爱情。他若真心喜欢你，你不要求他也会做；他若不是真心喜欢你，你要求、他做了也未必是心甘情愿，其中饱含无奈与屈辱，随时都可能爆发止损行为。我不了解男生都喜欢什么样的女生，但不礼貌的女生，想必个个避之唯恐不及，爱情那么高级的人际模式，应该会设置这个门槛儿吧。

/有些安全感，只能自己给自己/

钱是你的经济基础，爱情是你的上层建筑。人世间最悲惨的事情，就是你最爱的人，搬走了你的上层建筑，又刨除了你的经济基础。

在一段爱情关系里，纯真和真蠢，有时仅有一墙之隔。

某个周末的早晨，小K灰头土脸地来到我家，尚未坐稳，便眼泪汪汪地对我说："小毛，你能借给我点钱吗？我没钱交房租了！"

小K的求助，让我颇感惊讶。我从未想过有一天，这个钱包一直很鼓、买东西不看价格看喜好的女人会来找我借钱。又见她面容憔悴，我推测可能是遇上了大麻烦。但转念一想：不对啊，她不是还有个顶天立地、气魄超人的男朋友吗？在女朋友最需要肩膀和支援的时候，他跑哪儿去了？

我一边给小K找钱一边随口问了问，一直隐忍的小K忽然号啕大哭起来。

原来，她男朋友失踪了！准确地说是跑路了，因为他卷走了小K这些年来的全部存款，另外还用小K的信用卡透支了两万块钱。等到小K发现情况不妙时，那厮已经悄然无声地全方位拉黑了小K，就好像他从来没有出现在小K的生活中一样。

我听完小K的痛陈，不禁倒抽一口冷气。真是人心难测啊，谁都难以预料自己什么时候会被最信任的人一掌推进万丈深渊。

四年前，那个男人出现在小K的身边，用尽心思让小K成为自己的女朋友。他对小K的"好"，在我们圈里是出了名的，小K这个高冷的女神是怎样为他一步一步走下神坛我最清楚不过。两年前，两人同居，不分你我，尤其在钱的方面。也不知小K受了什么蛊惑，竟主动把所有的钱和卡都放在那男人兜里，美其名曰"两个人一起为美好的未来奋斗"。彼时，我曾好意提醒小K，人心隔肚皮，大家都是成年人，万事要给自己留退路，两个人一起奋斗固然可贵，但不一定非要把钱放到一起，他怎么不把他的身家毫无保留地交给你呢？可小K呢，工作时的高智商被所谓的真爱碾压成渣，她竟然觉得我处处算计太可怜、有所保留太可悲，因为"我连一个能掏心掏肺的人都遇不上"。

我忽然发现，小K并不懂爱情，又非常倒霉地遇上了一个看穿她不懂爱情的男人。爱情是什么呢？爱情就是诸多生活元素中的一种，与一顿饭、一间房、一件衣服、一个包包差不多，它是从属于我们的，但它永远不能倾覆我们。如果它必须要取代我们成为生活的重心才显得真诚,那它必定是猥琐的。

从一个局外人的角度看,道理很简单,我赚的钱,必须存在我自己的户头上、收在我自己的钱包里,由我自己支配,你的也一样。这和我爱不爱你、交不交心一毛钱关系都没有。因为是我们两个人谈恋爱,又不是我们两个人的钱谈恋爱。把爱情和钱混合在一起,很容易发生令人尴尬的化学反应,而感情在没有走到有法律保护的那个层面时,永远不必靠把钱放在一起来升华。其实,两个人真心相爱,谁都不怕掏心掏肺,怕只怕掏心掏肺之后,对方视而不见,转身掏光钱包啊。

在爱情里,很多人都喜欢拿钱来考验对方。这就足以证明,钱有多么重要,重要到可以成为考验真心的标尺。可是这世上,谈个恋爱便愿意押光身家的人太多了,于是才有那么多人财两空的惨剧发生。届时,失去爱情的伤痛深深烙在你的心里,它本就是精神层面的东西,原本可以被慢慢尘封变成苍凉孤绝的琥珀,但是同时你又失去了全部身家,经历背叛之后又不得不面对从头再来的窘迫,你缺的那 口饭、 件衣真真切切,就像一阵又一阵狂风,它们会不停地从你心头刮过,提醒你,爱情不仅摧毁了你的精神,更摧毁了你的生活,让你受的伤痛永远那么醒目。

是的,钱是你的经济基础,爱情是你的上层建筑。人世间最悲惨的事情,就是你最爱的人,搬走了你的上层建筑,又刨除了你的经济基础。失恋并不可怕,可怕的是,失恋强迫你面对生存。你失去了爱情,痛苦万分,日日沉湎于情感的缺失,不堪这种精神折磨。有一天,你哭得饿了、渴了,想去买个面包、买瓶水，却发现，对方不仅抛弃了你，还把你搜刮得一干二净。这个时候，所有的悲伤都必须让路，因为你才意识你得收起悲伤出去赚钱，否则你连继续悲伤下去的资本都没有。别人失恋了，可以出去挥霍；你失恋了，却不得不出去工作，恐怕这才是最尴尬的事情吧。

其实，任何时候，安身立命都是永恒的话题，这个话题沉重到可以独立于任何情境而单独存在，即便你遇上了真爱，你最好的结局也是和真爱一起堕入烟火，携手安身立命。所以，请务必看好能让自己安身立命的东西，它是人生的必需品，只有它才能真正把人逼上绝路；而爱情这东西，其实就是一件披了必需品外衣的奢侈品，我们永远不要为了过分装点奢侈品，将自己的必需品倾囊相送。而真正爱你的人，也绝不舍得你拿自己安身立命的东西来供奉爱情、彰显真心。"有些安全感，只能自己给自己"是无数人在爱情里获得的最痛的领悟，不知隐含了多少血泪史，你充耳不闻一头猛栽下去的自信，不是伟大的爱情给你的，而是你的不谙世事造就的。

她"遭雷劈"的时候，我被连累了

> 人活着，自律一些累不死，如果绷不住那就扛起自己制造的烂摊子，坦坦荡荡地活着，又多事又躲事，反反复复间，人品真的会败光的。

那日，我们财务室洗手间的马桶圈被摔断了。午休时，行政小妹在公司群里发通知："你们财务室的哪位祖宗把马桶圈摔坏了？上个厕所至于用到十成内力吗？麻烦尽快换一个新的，我把厂家电话发布下，要尽快噢！"

过了很久，也不见有人回应。关于这个马桶圈，其实同事们一直颇有微词，大概装修时为了节省成本，公司选择的这款马桶的马桶盖和马桶圈都没有缓降功能。平时我们在家里，抬起放下一顺手的事儿，但公司里的这款，你用完了得虔诚地用手扶着慢慢放下，否则，啪的一声，直接落下，毫无缓冲，摔断了简直就是分分钟的事。

我随手点开某宝，才知道马桶圈和马桶盖要一起换，但比较低端的型号根本用不了多少钱。谁弄坏的，谁承认就好，也不是什么大不了的事。但这个人，始终没有坦荡地站出来。

行政小妹是老板的亲戚，脾气火暴，向来谁的面子也不顾及，她见没人站出来承担责任，又因为事情发生在财务室，便理直气壮地把责任平均分摊到我们几个人身上。不过是几十块钱而已，谁都不会太在乎，但大家还是很生气。因为谁是责任人，我们心知肚明。

这个人就是杨姐。卫生间隔音不是很好，杨姐每次如厕，总会把马桶圈和马桶盖摔得叮当响，有同事好心提醒她公司的马桶是非常脆弱的宝宝，没有缓降功能，最好轻一点。结果，杨姐根本没放在心上，只不耐烦地挥挥手，说："哎呀，没事儿的呀，你们别瞎操心。"

但如今，当行政小妹在群里发火的时候，她却缩在格子间里，哗啦啦地翻着报表，一声不吭。

杨姐是我们财务室里年纪最大、资历最浅的员工，她来公司不到半年，但惹的麻烦可真是不少，算是人事部安插在一众85后、90后中的奇葩。

公司有一间小食堂，提供早中工作餐，因为面积很小，容不下太多人，多数时候，我们都自备餐具打饭回到自己的工位上吃。杨姐来了以后，也是如此，但不知道她是吃不惯公司的饭菜还是担心不够吃打得太多，每一次，杨姐都会剩饭，而她处理剩饭的方法相当粗暴，直接倒进马桶，冲走。

时间一久，我们都觉得这样做不妥当。能吃多少就打多少嘛，浪费多可耻，毕竟这是公司的一项福利，我们应该珍惜；如果一失手打多了，又实在吃不完，也可以倒进门口的垃圾桶里，自有物业保洁清理，为什么要倒进马桶里呢？

杨姐说了，她在自己家里就是这样处理剩饭的。见她已经面露不快，且比我们都要年长，大家也不好再说什么。

结果，麻烦还是来了。有一天，马桶堵塞了。通下水道的师傅一顿忙活，总算疏通成功，行政小妹看了现场后，便在群里通报我们财务室的人：一不节约粮食，二不爱惜公司财物。大家无辜受牵连，都偷偷瞄着杨姐，希望她能站出来承认马桶是被她中午倒掉的干锅娃娃菜堵住的，一人做事一人当嘛，别连累大家一起受非议。但杨姐呢，就像什么事情都没发生过一样，一脸的平静和坦然。

而这，仅仅是个开始。

杨姐平日里喜欢喝茶，不限品种，她喝过龙井、菊花、玫瑰、苦荞、碧螺春，有时也泡点枸杞、红枣、莲子、炒薏仁。我为什么会知道得这样详细呢？因为她前一天喝过的茶，第二天我们都会在茶水间水池的过滤网中发现残骸。

有一天，我目睹了杨姐处理隔夜养生茶的全过程。她一边哼着小曲儿，一边从容地走到水池边，一股脑儿地把隔夜茶水连干带稀地全部倒掉，然后刷刷杯子，放入新的玫瑰红枣，倒上热水，旋上盖子，转身走人。

难道她不应该把过滤网中的垃圾清理干净再走吗？在她之前，可从来没有人把自己倒在过滤网中的垃圾留给别人清理啊。杨姐一天倒一点儿，一天倒一点儿，三四天下来，过滤网便被堵死了,加之天气炎热,有时候还会发霉,泛着酸气。有人实在看不下去,便会伸手倒掉,毕竟也不是什么大事,实在懒得计较,于是她的这种习惯就这样延续下来。想必杨姐赌的,就是别人的看不下去吧。

别人清理一次两次是没有问题的,可长此以往,谁都会愤愤不平。道理很简单,你不愿清理就别倒嘛,你既然倒了自己就要记得清理啊。后来,那个好心的小员工也懒得动手了,反正又不是她倒的,这下,茶水间的水池便成了垃圾桶。

行政小妹为此又在群里号叫:"你们财务室最近是怎么回事?一而再,再而三地出问题,你们都是成年人,难道在自己家里就这样做吗?今天下班之前,烦请你们把水池过滤网里的垃圾清理干净!"

那个曾因为看不下去而动手清理过过滤网的小同事看完这一条,瞬间原地爆炸了,她啪的一声摔了手里的档案夹,忽地从格子间里蹿出来,大声地说:"谁干的?谁自己去清理!别一天到晚地连累别人,还能不能要点脸?"

有了这样令人解气的开头,大家纷纷按捺不住了,也都开始附和,连同上次的马桶圈摔断事件和马桶堵塞事件一起翻出来。我们没有指名道姓,是为了帮杨姐保留最后的面子。杨姐虽然一直沉默着,但我偷偷瞄了眼,发现她的脸色越来越难看。虽然我也不明白,她的脸色为什么要难看,这些不地道的事情难道不是她做的吗?

第二天早上,我去茶水间冲咖啡,特意看了一眼,过滤网中的垃圾,果真都被清理干净了。从此杨姐整日拉着脸,走路带风,像遭受了天大的冤屈一样。

一场办公室小风波就此过去,但这件事留给大家的阴影,真的很难散去。虽然都是很小的事情,但事情越小,越能据此看出一个人的品性,尤其是在职场上。说白了,杨姐就是个不自律且没承担的人。今日她惨遭大家抨击,自知过去的那个套路不好使,会开始小心使用马桶,不再往马桶里倒剩饭,也不再往水池过滤网中倒茶叶,看似有所改进,但今后,谁知道她还会在哪些情况下发挥自己的不自律给别人添堵呢?而且,我们看得出来,杨姐的不自律是无意识的,但她的没承担却是有意识的,这才是最可怕的呢。

财务室的同事们年纪都不大,但个个都是人精。在职场上,尤其是在这类小私营企业里,一举一动都会被旁人看在眼里,更要小心翼翼。这些90后,在八小时之外各个都是傲娇小公主、随性小少爷,可是,他们走进这间办公室后,会自动收敛所有的个性,战战兢兢做事、谨小慎微做人。杨姐算是个异类。而事实是,没有哪个团队,容得下能够腥了一锅汤的鱼。大家都在职场上混得举步维艰,小事压死人啊,我们不指望蹭谁的热度,但我们绝不能容忍某个人"遭雷劈"的时候,无辜连累到自己。所以,像杨姐这样的人物,只能敬而远之。

如我们所料,杨姐就是个麻烦制造者。有一次,她去打印一份进销存明细报表。公司里的打印机与一部公用的电脑相连,可能是因为打印机的USB插口连接不良,她点了几次打印,都没能成功。刚好那份报表并不急需,她便拔了自己的U盘悄悄离开,既不找人修理,也不告知大家。下一个使用打印机的人是行政小妹，行政小妹刚连通，待打印文件便没完没了地吐出来，行政小妹一看是财务室的报表，还是很多重复的，就直接把那一大摞文件甩进我们财务室，大声说："待打印的重复文件，你们能不能记得取消啊？"我们谁都知道那份文件是杨姐打印的，但我们能当着行政小妹的面，直接把她推出来吗？

还有一次，杨姐急用电源接口，便把电水壶的插头拔了下来，墙上有一排插头挂钩她不用，只随手一扔，刚好把插头扔到了一摊水渍上，不出意外地，当天下午，我们又被暴躁的行政小妹喷了一顿。

一次又一次地无辜背黑锅，一次又一次地变成嫌疑人，让我们觉得非常可笑且无奈。一群成年人在一起共事，这些事其实都是小事，说了矫情，不说又憋屈。事实上，杨姐不过是认定了，为了以后的往来，我们不会撕破脸面，指名道姓地揭发她而已。

可是，她错了。现在这个社会，个人意识被唤醒，老好人越来越少，人们越来越关注自我感受，越来越不愿意让没完没了的人来消耗自己。所谓的留有余地和做事有分寸，其实全都建立在"你别蹬鼻子上脸"的基础上，谁也不怕得罪谁。某天，有个小同事约出行政小妹，从马桶圈摔断事件开始，一直到电水壶插头泡水报废，一桩桩，一件件，用吃一碗煲仔饭的工夫，抖了个底儿掉。

两个月后，杨姐辞职了，当然不是心甘情愿的，走之前还偷偷毁掉所有由她经手的报表，害得全体人员加班一周赶工弥补。一个三四十岁的人，因为同事不愿意继续受她连累而心生怨怼，想想也是无语了。不过，值得庆幸的是，我们的背黑锅岁月终于可以告一段落。经历过这样的人，我们才发现，自律和有承担是多么珍贵的品质。任何时候，和不自律、没承担的人共事，都是一场灾难。诸如杨姐之流，她随心所欲地方便自己，出了事便躲起来，让所有的同事陪她一起承担后果，试问，一个人还能自私到什么地步呢？人活着，自律一些累不死，如果绷不住那就扛起自己制造的烂摊子，坦坦荡荡地活着，又多事又躲事，反反复复间，人品真的会败光的。

TWO
路过春天的时候路过你

我庆幸,在我的身边,在不同的人生阶段,
总是能遇上几个用心生活的人,
他们在纷争中活得极为淡泊,
从不追赶时光的流逝,
总是以娓娓道来的姿态,
平复着横冲直撞的现实。
他们是柔软的、随和的,他们又是专注的、坚韧的,
你焦灼于他们沉陷的方式,最终却不得不承认,
在你奔赴远方寻找麦田的时候,
他们就从当下开始一粒一粒收割。
最终你得到的,永远没有他们多。

/人生前二十几年的起起落落，你真的不必放在心上/

在远离庇佑、独自面对这个世界以后，所有人都将暴露他最真实的面貌，谁是佼佼者，谁甘于平庸，一场风浪过后，便可见分晓。所以，当下那些因为各种原因没有发光的孩子，你不必沮丧，也不必艳羡他人，也许只是因为你的壳很厚，你还没到破壳而出的时间；而那些自带磁场魅力四射的孩子，你也不必太得意，你未来的路可能更难走。人生前二十几年的起起落落，真的不必放在心上。待羽翼不在、独自等待时，我们才能看得清，自己究竟值得匹配一个怎样的人生。

再见张小山是在十年后。

那天，我和妈妈逛超市，装了整整一购物车的东西。在出口装袋的时候，一位工作人员走过来询问我是否需要帮助，我当时正蹲在地上整理东西，闻声便沿着那条绷直的制服裤线一路看上去，直到目光定格在那张似曾相识的脸上，一瞬间，记忆的大书哗啦啦地翻了很多页，我从他脸上越来越浓的笑意中找到了最重要的线索，几乎脱口而出："张小山！"

彼时，仿佛有一只手，猛地扯住一根线头，稍稍用力，时光编织的盔甲便被拆散，露出了原本美好单纯的面目。

我忘了谁，也忘不了张小山，上学那阵儿，他可是我们学校的校草。他是体育健将,他是耍帅高手,他会唱歌,会弹吉他,也非常会打架。那时候,他声名在外,哪怕是再孤陋寡闻的人,提起张小山,都会说:"嗯,我知道这个人。"

那时候的张小山,意气风发,大多数男孩都想活成他的样子。因为他,在很长一段时间里,我都相信,那些在学生时期便光芒四射的人,长大以后,会从小城市的焦点变成大世界的中心。

所以,当下,我无论如何都没有办法把眼前这个穿着工作制服、留着普通发型的男人,和当年的青春偶像张小山联系在一起。

张小山还在工作中,不能外出,我们只好靠在超市一角,简单聊了聊近况。他大学毕业后,便听从家里安排,回了老家。考了两年公务员,但没有考上。家里人承诺会给他找一个有编制的岗位,只是需要费些工夫。这家超市是他舅舅开的,在等待人生步入正轨的同时,他顺便帮着管理管理。

听到这一切,我有些惊讶。谁能想象当年那个叛逆、阳光、活泼的大男孩,有朝一日会安安分分地听从家人的安排,走上一条循规蹈矩的"不归路"。

然后他了解了我的情况,听说我在省会安家,不断跳槽换工作,不禁摸了摸脑袋,笑着说:"还是有闯劲儿的人才会有前途。"

我说:"哪有,其实我也想回老家,山美水美没有雾霾又不堵车,房价也便宜,只是老家的工作机会太少,不会留给像我这样没有背景、没有人脉的人。"

我说的是事实。在外漂泊不是件容易的事，要吃很多苦、受很多累。在我的同学中，主动回到老家发展的，家里都有能力为其铺一条路；而无所依靠的，比如我，便只能被动地走出来，去机会相对更多、待遇相对更公平的大城市，混一口饭吃。

我们聊了一会儿，张小山的对讲机就响了起来，有收银员正在呼叫他去换零钱，他和我简单告别后，便急匆匆地奔向卖场。我见他那渐行渐远的背影，忽然觉得很陌生，那是一种经过训练的背拔肩张，与昔年那个吊儿郎当、时不时回头魅惑一笑的青葱大男孩，判若两人。

几年后我听说，张小山得偿所愿，找到了一份有编制的稳定工作，娶了相亲认识的门当户对的女孩，生了个活泼可爱的儿子，小日子过得恬淡安稳。

在某个瞬间，我真的觉得，这不是他该过的生活。我一直以为，他应该带着他的潇洒不羁去更大的城市绽放魅力，无论在什么行业、哪个职位，都依旧是人群中的焦点。就像他上学时那样，无人不知、无人不晓，被很多女孩喜欢，和很多女孩恋爱，有胆量和老师顶嘴或者称兄道弟，但从来不会惹老师不高兴，带着他的自信，在似乎开了挂的人生中一往无前。

真的，我对他变得普通这件事，感到无所适从。

时间是一个极富魔力的大熔炉，不管我们之前向这个世界呈现怎样的状态，它都能把我们锻造成另一副样子。

同事小谨曾是一个标准优等生。从小学到高中读的都是这座城市里最好的学校。高考时考入首都的一所知名大学，学习那个学校最好的专业，后来一路读到研究生毕业。她硬件条件优秀至此，但毕业后仍面临着找不到工作的现状。后来她回到老家，我们有幸成为同事，在一众二流学校出身的老员工中间，她总是显得格格不入。

有一次，领导带着我们和客户吃饭谈合同。开席前新人小谨向客户递送自己的名片，自我介绍到一半的时候，其中一位女客户忽然尖叫起来："小谨！"

隔着一桌子的珍馐，两位分别十多年的老同学相认。我从小谨略显僵硬的表情中读懂她的窘迫，那位女客户的一句"当年你学习那么好"，让整个包间的气氛都变得有些尴尬。小谨红着脸，捏着一沓名片，嘿嘿笑了笑，自嘲道："学习好，也没什么太大的用处。"

昔日她是优等生，被老师重视，被同学敬仰，座位从同学中间调到老师的眼皮子底下，披着一身传奇色彩从优秀班级搬到重点班，似乎所有人，都准备好了艳羡的目光送她去似锦的未来。谁承想，命运无情翻转，她告别校园，便走下人生巅峰，一路迷茫惆怅，直至今天，在一个饭店的豪华包间里，她已然变成了食物链底层的生物，而那些曾经仰视她的差生，已经爬到了食物链顶层，用最友好的方式蚕食着她的自尊和骄傲。

在回去的路上，小谨一路无语。不知道她的那位同学回家之后会如何唏嘘，原本应该最有出息的同学，如今不过尔尔，造化可真是弄人啊！

我有一位远房亲戚，与小谨的情况类似。还记得当年，他的爸爸带着嘲讽的语气评价我们几个同龄人考上的学校，就因为他不负众望考上了一所一流大学。十年后，他的那些没考上大学的同学，散落于各个城市，有开修车行的，有开小饭馆的，有出去打工从车间工人一步一步做到主管的，有租摊床做小本生意的，他们都过得很好；被他爸爸嘲笑过的那些成绩很差踩线升学的非典型差生，毕业后该找工作的找工作、该考研的考研、该成家的成家，也都过得很好。

似乎只有他，用高开低走的人生姿态，给他那位傲慢的爸爸打了极其响亮的一记耳光。毕业于名牌大学的他，竟然一直找不到合适的工作，后来，还是他爸爸出面托人，才把他送进一家公司，做着一份极其普通的工作，拿着低微的薪水，被一群人领导。

翻翻回忆，看看当下，真是万般风流皆不再。

后来，我慢慢发现，当年那些叱咤风云的人，其中有很多，如今连笑谈过去的自信都没有了。

有个当年特别擅长打架的男孩，如今变得谨小慎微，提起过去的义薄云天，会局促地笑笑，说："当年就是幼稚，又不懂事。"

有个当年特别漂亮、收情书收到手软的女孩，如今嫁人生子，身材变形，早已不记得过去的风情，她不忌讳在曾暗恋她的男生面前，不顾形象地训斥自己的孩子，甚至爆粗讲荤段子。

有个当年经常逃课、总被老师罚站走廊的调皮男生，如今活得规规矩矩，在条条框框中变得木讷、呆滞，从前觉得有小聪明的他不可爱，现在发现，丢了小聪明的他，更不可爱。

有个当年在班上最时尚、最会打扮的女生，如今时常穿着冲锋衣、运动鞋，背着假名牌包穿行于人群之中，常让人不禁困惑,到底是自己成长了,还是她退步了。

而穿过时光和人海再重逢,能给人带来惊喜的,往往是那些当年不够好也不够坏,默默做事,没什么存在感的人。

有个过去一直留着男生头的女生,如今留起了长发,堪称惊为天人,比过去的班花不知要好看多少倍。

有个黑瘦腼腆的男生,如今长高到一米八九,棱角分明,器宇轩昂,妥妥儿的男神,走在大街上,回头率特别高。

有个身材胖胖的女生,如今瘦到一百斤以内,简直脱胎换骨,没有一个人能认得出来。

有个长相不出众、成绩不出众、家境不出众的男生,如今倒还是像过去一样不争不抢、不知人间愁苦,但他真的早早就收获了现世安稳。

我忽然明白一件事。任何人,都躲不开时光的雕琢。无论你曾经光芒万丈还是默默无闻,不管你是一粒沙,还是一斛珠,毕业后都会被丢进茫茫人海,接受大浪淘沙,想要继续发光和重新发光的,都需要接受打磨;想要就此沉沦的,岁月也舍得湮没。

正如张小山离开了适合他的土壤,便只是普通的张小山;小谨来到了陌生的校园外,便再也找不到重新登上巅峰的路径。在远离庇佑、独自面对这个世界以后,所有人都将暴露他最真实的面貌,谁是佼佼者,谁甘于平庸,一场风浪过后,便可见分晓。所以,当下那些因为各种原因没有发光的孩子,你不必沮丧,也不必艳羡他人,也许只是因为你的壳很厚,你还没到破壳而出的时间;而那些自带磁场魅力四射的孩子,你也不必太得意,你未来的路可能更难走。人生前二十几年的起起落落,真的不必放在心上。待羽翼不在、独自等待时,我们才能看得清,自己究竟值得匹配一个怎样的人生。

/努力过得好，
但不必让所有人都知道/

人啊，就是这样，都能坦然接受陌生人的辉煌，却对身边人的成功心绪难平。

马晓云是一家网店的店主，主营东北山珍，因为她创业比较早，赶上了网店发展的好时候，在绝大多数人眼里，现在她算是个不折不扣的小富婆。

但有钱这件事，没有让马晓云感到很快乐。也不知道从什么时候开始，她发觉有一些亲戚朋友对她不如过去那样友好。

大前年过年时，马晓云衣锦还乡，带了很多礼物和红包回老家。那一年，她盈利颇丰，还买了房子和车。有几个亲戚收了红包和礼物后，便开始旁敲侧击，想要知道如今她身家几何。马晓云想低调，都没有机会。待得知这个他们曾经不看好的小姑娘如今已经成了妥妥的白富美时，这些亲戚瞬间不安起来，甚至问出很多奇怪的问题。

"开网店都是靠骗人赚钱吧？"

"肯定要比上班更辛苦吧？"

"是不是天天熬夜、顿顿不能按时吃饭？"

"你不会猝死吧？"

"这个行当吃的是青春饭吧？"

……

他们问完，一脸关切地看着马晓云，特别希望马晓云能给他们一个不堪的回答，从而产生一种"我们没有像你这样暴富，是因为我们有节操、不想受累、不想活得那么糙、不想糟蹋身体、不想受眼前利益蛊惑"的错觉，然后心安理得地继续混日子。

后来，马晓云去和老同学聚会，有一些原本关系就很一般的同学，眼见着昔日差生如今混得风生水起，便有些无法接受，他们在询问马晓云创业历程的时候，话里话外，总是充满玄机。

"你一共投资多少钱？啃老了吧？"

"你光凭上班肯定攒不够这些钱吧？"

"其实做生意，和投机差不多的。现在赚钱，说不定哪天就赔钱了，你是不是天天都在担惊受怕？"

他们得不到满意的回答，就换了另一个方向寻找安慰。

"你今年都32岁了！竟然还不找男朋友！你妈肯定都要急死了！"

"一般事业成功的女人，家庭生活都很难幸福的，你还是不要太拼啦！"

"再不结婚可就生不出孩子了哟！你就别挑了！女人嘛，

最终还不是要靠男人！"

……

不管这帮人如何危言耸听，都挡不住一个事实，在他们的圈子里，马晓云是事业最成功的人。但没有一个人，由衷地说过："我知道你是通过自己的努力才得到今天的成果，我知道你很不容易，你真的太棒了！我为你感到骄傲！"

2016年4月份的时候，马晓云拓展了自己的经营领域，开了新店，身价已有几百万。与此同时，马云成为亚洲新首富，身价上千亿。那些成天泡在醋坛子里巴望着马晓云出点儿什么事儿栽个大跟头、倒个大霉、倾家荡产的人，天天在朋友圈里转发"鸡汤文"盛赞马云，将其视为人生标杆，一口一个"爸爸"叫得那叫一个亢奋，这厢指摘完马晓云成功背后的"不可说"，那厢就对马云竖起了大拇指，用尽全力表达自己的满腔崇拜之情。

人啊，就是这样，都能坦然接受陌生人的辉煌，却对身边人的成功心绪难平。

有人说，由衷赞扬马云的成功，是因为大家都知道自己达不到那个高度，他们羡慕；而贬损马晓云的成绩，是因为大家都觉得自己只要努努力也能过上那样的生活，马晓云比他们更早地拥有了大家都会有的东西，所以他们嫉妒。与其让大家改变自己的态度，去接受马晓云的成绩，不如让马晓云自己更努力一些，达到另一种境界，让大家只有羡慕没有嫉妒。

但事实是，就马晓云现在所取得的成绩，那些悍妒的人，终其一生也是达不到的。他们冷言冷语不是因为马晓云不够成功不配他们羡慕,而是因为这个成功的马晓云就在他们身边而已。即便马晓云无意炫耀,在旁人眼里,这种低调也是一种伤害。究其根本,他们无法面对的,还是自己的失意。

很多人都喜欢和身边人攀比,但承受不了比较的后果,继而面目开始扭曲。很多人都有这样一个误区,他们觉得既然你曾出现在我的圈子里,那么就不该跃出这个圈子,应该共同维系一种平衡。因此,对于比较产生的差异,他们从不习惯主动追平,反而寄希望于把领跑的人全部拖回来。那些拖不回来的,便成为目标,是攻击的目标,而不是学习的目标。

有人会嫉妒朋友比自己嫁得好,但不会非议那些各方面都不如自己却嫁得更好的陌生人。

有人会嫉妒同一部门的伙伴工资比自己高,但不会在意其他部门的、业绩不如自己的同事拿得更多。

有人会嫉妒同事被评上职称,但基本会忽略邻校分到的名额更多的事实,甚至有好几位比他资历更浅的人也评上了职称,但他的不爽,全部都来自他的同事……

这就是人性,人性很难颠覆。

当你取得一点成绩的时候,真的有极少、极少的人,是发自内心地为你高兴。你在某个方面取得的成功,会让一部分人感到不忿,他们会自问"大家看起来都差不多,你凭什么成功";也会让一部分人感到不安,他们会焦虑"大家原本都在同一起跑线上,你进步了可我怎么还在原地踏步";还会让一部分人感到不快,他们会觉得"要发力也不打声招呼,偷偷摸摸就走了那么远,不够磊落"。而真正能心平气和、由衷地说一句"亲爱的，你真棒"的人，真的寥寥无几。

我不知道一个人要具备怎样的人格魅力，才会永远在祝福声中上路。但我知道，包括我在内的大多数人肯定不会是那个幸运的人。所以，这些年来，我一直都在默默行走，把头埋进尘埃里，我确实很少去和别人分享自己取得的小小成果，最初是为了避免招来不必要的麻烦，后来慢慢才明白，其实很多潜心打磨自己的人，本意也不在发光的那一刻。

另外，现实中还有一种幼稚就是，我明知你不希望我过得比你好，我还非得让你知道我过得比你好，就是要气死你。结果到最后，往往自己受气更多。跑得快的人，只要开罪了一个跑得慢的，就相当于让所有跑得慢的都不爽。所以，在你还没有达到任何人都可以不在乎的层次时，还是要低调地生活，这里引用我奶奶常说的一句老话：嘚瑟掉毛儿过不去冬。因为人的存在，让这个世界处处充满恶意，我们那么努力，是为了去过更好的生活，而不是为了让别人知道我们过上了更好的生活。人这一辈子起起伏伏，二十年河东三十年河西，难免有在寒风雪地里赤膊发抖的时候，到了这个地步，没人泼冷水、有人援厚衣，就算圆满了。

/ 别在浑浑噩噩中
活成别人的样子 /

当你把用心做一件事，当作一种投入和付出的时候，这个过程，就是一个负累；当你把用心做一件事，当作一种表达和成全的时候，这个过程，就是一种享受。

在我们东北地区，干豆角炖排骨这道菜再普通不过，但为了能让它出现在饭桌上，我妈妈要准备好久好久。

每年的七八月份，豆角正应季，阳光充足、空气干燥的时候，我家的院子里到处都挂满了豆角。这些豆角都是妈妈在菜园子里精挑细选出来的，要细长、笔直且豆粒不能太饱满。白天一根一根搭在杆子上，晚上再一根一根收回来，连续这样晒两三天，才能保证储存起来不会发霉。储存干豆角的地方也很有讲究，要保持干燥通风以免干豆角受潮影响口感。年前年后，妈妈开始掰着手指盼着我们回家。在我们到家的前一天，妈妈要提前把干豆角取出来，用热水焯一遍，然后再用凉水泡上一天直至豆角全部泡开、泡软。在我们挤上火车的同时，妈妈已将灶火点燃，将剁成小块的排骨下锅，烂熟后将其捞出，重新生火，用热油、葱花、蒜蓉、姜末炸锅，放排骨豆角翻炒，加盐、料酒、米醋等，最后将煮排骨的汤汁略去浮油倒入锅中小火慢炖。等我们到家的时候，热腾腾的干豆角炖排骨已经摆上桌了。

这些年，我辗转很多城市，吃过各种口味的干豆角炖排骨，唯有妈妈做的这道是难以逾越的经典。食材是一样的食材，调料是一样的调料，唯一的区别是，饭店里的干豆角炖排骨属快餐性质，无论是准备食材还是烹制过程，求快、求机械化，而妈妈用了更多的时间、更多的心。

凡事只要花了时间和心思，结果就会变得不一样。做菜如此，做事亦如此。

当年，我和花花同在一家公司的一个部门做同一个职位。每天的工作内容，无非做做表格、打打文档，挨到月末做一份PPT文件。工作内容都是些没什么创意的事情，做两个月便轻车熟路。后来，每次做文件，我都套用上月的模板，直接改个数据就算OK了。但花花从来不像我这样偷懒，她改完数据，必定要将文件重新设计一番，虽然有些只是细节上的改动，但呈现出来的效果，往往会给人耳目一新的感觉。尤其是每个月末的PPT文件，她从来没有用过相同的背景，还尝试着加入各种特效。反观我做的PPT文件，尽是数据的罗列汇总，干巴巴的，连表格颜色都没换过，常看得人昏昏欲睡；而同事们每次看花花做的文件，包括我自己，都觉得眼前一亮，甚至很期待领导尽快翻页，因为想知道下页还有怎样的惊喜。

同样的文件，我是用手做的，她是用心做的。记得有一日，她因为选择文件背景而纠结不已，我还嘲笑她有选择困难症，很久以后才慢慢领悟，一个做事总是想要做到更好的人，和一个凡事追求过得去就可以的人，那种境界上的差距，不可衡量。

后来，我换了工作，花花升职。我以逃离枯燥职场生活的心态进入新的环境摸索，而花花以战胜枯燥的姿态进入新的层次成长，我对她，无论何时何地，只有仰望。

从花花身上，我学到很多。现在，每每想起她静坐在电脑前，笑眯眯地雕琢文件的样子，无论当时我的心有多浮躁，总能及时沉下来。用心做的事，一朝一夕间无法显现，但时光从不辜负用心生活的人，经过天长日久地积累与打磨，终有一天，没有人能捂住你的光芒。

过去，我曾浅尝辄止地爱过一个人，我曾抱着随遇而安的心态应付职场，我曾用顺其自然的态度去追逐梦想，我知道那还远不及豁达和从容的境界，我只是太消极而已。我一直都在不用心地生活，但一直都在期待一件能值得我用心去做的事。我觉得用心好珍贵，不能浪费在琐碎事务上。我觉得必须要有所保留，只为换来一场天时地利人和的大爆发，当花花把用心变成一种习惯的时候，我把用心变成一种期望。她在习惯中把平凡的生活经营得极致、美好，而我在等待中慢慢养成了凡事不用心的惰性。在这一过程中，我之所以浅尝辄止、随遇而安、顺其自然，是因为我好像能预见结果不过尔尔，既然如此，我何必劳心劳神呢？结果，自然不过尔尔。

我庆幸，在我的身边，在不同的人生阶段，总是能遇上几个用心生活的人，他们在纷争中活得极为淡泊，从不追赶时光的流逝，总是以娓娓道来的姿态，平复着横冲直撞的现实。他们是柔软的、随和的，他们又是专注的、坚韧的，你焦灼于他们沉陷的方式，最终却不得不承认，在你奔赴远方寻找麦田的时候，他们就从当下开始一粒一粒收割。最终你得到的，永远没有他们多。

当年，我还没感受到妈妈做的菜和外面做的菜有什么差别，我那时并不能理解她为了一口吃的费那么大力气是否有必要。每一道菜的下场都是被吃掉、被忘掉或被偶尔想起，并不能改变生活现状，妈妈那么努力地烹制它们，有什么意义呢？

妈妈说："这不是你们最爱吃的嘛！当妈的心，你不懂。"

现在我懂了。当你把用心做一件事，当作一种投入和付出的时候，这个过程，就是一个负累；当你把用心做一件事，当作一种表达和成全的时候，这个过程，就是一种享受。

人生的差距就这样显现了。我看重的是有现实意义的结果，而妈妈和花花注重过程，所以她们更享受，我更疲累。

花花告诉我，生活就像一份PPT文件，如果你只是追求省事省心而套用别人的模板，那你就将在浑浑噩噩中活成别人的样子，你将会错过很多活得精致和成长的机会；妈妈告诉我，人生就像一碗土豆角炖排骨，它的使命并不是被吃掉，而是在煎熬中为了一份爱或者一种期待，慢慢变得美味。

有所保留的余力，比倾尽全力更贵重

> 在这个世界上，有所保留的余力，比倾尽所有的全力更贵重。不设门槛儿的人际关系，只会招来更多人的践踏。我们首先要做有能力关心自己的人，再去做有余力帮助他人的人。人不为己，谁来为你？

悠悠是个热心肠的人，不管是亲戚朋友还是同事，如果有事求到她头上来，就算她自己没有条件，她制造条件也要帮忙。有一次，一个朋友急用钱，求助电话打到她那里去，她二话没说就去银行汇款，等走出银行大门时才想起，这段时间她装修新房子家里的积蓄已花得不剩多少，前天刚订了一套沙发，明天厂家送货来，她还有五千块的尾款要结。

借出去的钱肯定不能往回要，悠悠只好给我打求助电话。我取出现金给她送去，临走时她可怜巴巴地看着我说："亲爱的，你送佛送到西，能不能多借点儿？我这月生活费都不够了。"

我就知道她会如此，幸亏多取了几千块。

悠悠的这个朋友原说借钱只为救急,最多一周便能归还。谁承想一个月过去了,仍没有还钱的迹象。这期间,悠悠老公的手机在公交车上被偷,他要去买手机时才知道,家里那点钱都被悠悠这位大侠江湖救急用了。

两人为此吵了一架,悠悠找我诉苦,我也没客气,直接数落她一通。在我的印象里,悠悠一直都这样,但凡谁冲她张口求助,她连自己的实际状况都不考虑就直接应承下来。有小姐妹要外出,求她帮忙带两天小孩子,她当时正处于生理期,身体非常不舒服,却也不拒绝,结果只能自己咬牙坚持;悠悠老公家的远房亲戚想去她家借住几人,连悠悠老公本人都要拒绝,悠悠却一口应承,也不顾小屋拥挤有诸多不便,最后把她这个女主人挤到我家来;很多人都喜欢找悠悠借钱,有几个一张口就是"你家有多少钱",简直就是要一锅端的节奏,悠悠不恼不烦,这导致她家的存款永远不能买理财,悠悠老公埋怨她,悠悠就会说:"做人别那么绝,以后啊,你也有求人的时候,到时候你就知道与人为善的好处了。"

事实呢?事实上,当悠悠有事想把自己的小孩儿托付给她的那个小姐妹时,小姐妹告诉她"我最近工作比较累,需要好好休息";想要委托那个远方亲戚买点土特产时,那个亲戚推辞"家里农活好忙,真的没有时间";而当她需要用钱到处求助的时候,她得到的多半是"最近手头紧,没有闲钱""钱都买了理财,拿不出来""我打算还房贷,还想跟你借点"之类的回复。

悠悠有点寒心,找我倾诉,我告诉她:"他们的回应都很正常,平常过日子,谁不是把自己的事情排在第一位?"

悠悠一脸委屈:"可是,我帮他们的时候都是倾尽全力的,根本就没考虑自己。"

我说:"那你以后还真的要改改你这毛病,人和人之间互相帮助是应该的,但前提是自己有余力。你的倾尽全力,在别人看来只是有余力而已。你自己回过头想想,是不是这么一回事?"

悠悠一脸心碎的表情。我知道,她定是想起了那些舍己为人的无私岁月,以及她从中获得了什么。

我和悠悠在很久之前是同事,其实我也是她这种性格的受惠者。我知道,在这样的现实中,我们很难遇上一个人,待人像悠悠这般掏心掏肺,恨不得把自己的一腔赤诚都砸进别人的心坎里。她也曾经无私地帮过我,越发让我觉得她是一个值得交往和珍惜的人,但正因为我了解她的秉性,后来反而很少去麻烦她。

后来,悠悠离职了,是"迫于"压力"主动"离职。至于离职的原因,归根结底,是她吃了自己性格的闷亏。

那时候,部门里招聘来一个小姑娘,担任销售助理。后来得知,她其实是经理的远房亲戚。小姑娘大学刚毕业,对业务一窍不通,在对各位同事的脾气秉性有所了解后,便锁定了悠悠,整天悠悠姐长悠悠姐短的,悠悠是个好说话的人,主动为她分担了很多工作。

有一次,那个小姑娘在核对进销存数据的时候出了点儿问题,始终找不到差错在哪里,导致下面的几个环节不能正常进行,财务、业务、仓库好几个部门等着她出数据,她再次向悠悠求助,悠悠二话没说,放下自己的工作,几百张单据,她一张一张帮忙核对,一直核对到下午,才找出那张错误的单据。

悠悠因为忙于这件事,错过客户系统发来的一张订单,没能及时安排送货,导致第二天那家商店整整断货一天,构成违约,这件事后来被计入考核。当时刚好赶上公司经营不善,领导想要精减人员,有过大错记录的悠悠首当其冲。而那个得到她帮助的小姑娘,自始至终没有帮悠悠说过一句话。

在大多数人眼里,舍己为人不合逻辑,所以无须感激。那个小姑娘,还有所有的同事,提起悠悠离职的原因,都觉得是她工作有失,没有一个人会认为,她工作有失的直接原因是倾力帮助同事,没顾上自己。

毕竟,在这个世界上,谁能傻到连自己都顾不上却还要顾别人的地步呢?

因为一腔赤诚,我与悠悠成为好友。正因为我拿她当朋友,才不希望她的一腔赤诚变成别人心中极为廉价的人际利器。有时候,别人有困难第一个想到你,并非与你感情深厚,而仅仅是因为你最好说话。他们不会考虑借光你的钱你该如何度日,不会考虑你在生理期带孩子会有多痛苦,不会考虑借住你家会给你带来多少麻烦,不会考虑占用你的时间会不会影响你的工作,反正他们只是要达到自己的目的、实现自己的便利,你就是个比较好用的工具而已。

我不知道悠悠如果看清这个现实,心中会如何悲凉,她倾尽全力换来的,不过是别人的无视。

但愿她能早日明白，在这个世界上，有所保留的余力，比倾尽所有的全力更贵重。不设门槛儿的人际关系，只会招来更多人的践踏。我们首先要做有能力关心自己的人，再去做有余力帮助他人的人。人不为己，谁来为你？助人的确是件快乐的事，但要建立在不为难自己的基础之上，也只有这样，人际交往才不会成为一种隐形的负担。

还人情不能只图自己方便和心安

如果一定要营造一种应酬的氛围自己才安心,那最好别用应付和打发的姿态,你随便抓起一件什么东西扔过来,我们接住了,扎了一手刺,你觉得就可以一笔勾销所有的情分,但我们觉得,那叫不礼貌。

因为工作业务关系,我和小D有了一些往来,她自己开个小工作室,我时常会把手头上一部分赶不过来的工作外包给她。她感念我对她的照顾,曾多次提出,要带我去她舅舅家的果园玩,顺便采摘一些应季水果。我真心不感兴趣,便推辞多次。但最近,她又提出这件事,我也实在不好意思不给面子,就答应了。

说真心话,我本就是个土生土长的农村姑娘,小时候天天亲近大自然,高山流水瓜果梨桃之类早已司空见惯。于我来说,去树上摘两个苹果、去黄瓜架上揪两根黄瓜,真不叫体验生活,那叫重温噩梦,我当初拼命考学的动力之一就是以后不干农活。再加上平时工作很累,到了假期我只想在家里好好待着,尤其是在夏天,外面骄阳似火,采摘园再好,哪有在家吹空调舒服啊。

小D舅舅家的果园位于郊区,从我家到那里有一个半小时的车程。因为天实在太热,我中途晕车,吐了两次。所以到了果园的时候,整个人都是病恹恹的。

当下的应季水果是葡萄,我随便采了两串就打算打道回府,但小D不同意,她非要让我逛遍每一个葡萄架,感受一下大自然的美好,顺便多采摘一些。盛情难却啊,我只好顶着太阳,忍着暑气,多采了两串,之后便蹲在一棵树下处理被蚊子咬出的大包,一直等到小D自拍结束,我们才返城。

回家后,我才发现自己裸露的皮肤被晒伤了,第二天头疼得难受,在床上躺了一天。那筐葡萄我只留了一串,其余的都分给了邻居,其实味道很一般,农药照打不误,相较于市场上售卖的葡萄,也没什么两样。看着那一串葡萄,我越想越烦躁,总觉得自己受了天大的委屈,我觉得我是被小D押进果园的。我浪费了宝贵的周六,又搭上宝贵的周日,后脖颈被晒得开始脱皮,脸被晒黑了一个色号,小腿被蚊子咬出了几个大包,承受着中暑和晕车的痛苦,就为了采摘一串我本来就不怎么爱吃的葡萄?

因为有结伴去采摘的经历,小D和我的关系似乎更近了一步。再有业务往来时,她甚至不如过去那般客气。时不时就要提及那段在我看来一点都不愉快的采摘经历,还会说:"等明年的这个时候,我还带你去采摘哈!"

呵呵，明年，你说破了天我都不会去了。

有时候我也很困惑，小D明明知道我讨厌户外活动，干吗非要拉我去采摘。直到很久以后，我听说她又带了另外几个和她有业务关系的人去采摘，我才恍然，采摘园是她自家亲戚的资源，成本低廉；她的收入要靠我们照顾，她过意不去。她之所以把我们都带进采摘园，就是因为她想用最低廉的成本，尽早还掉欠我们的人情。

别人还人情都讲究个投其所好，但她只追求自己方便。给别人带来多少麻烦是别人的事，反正最后，她是安心了。

后来，大抵是因为有人和小D坦陈过采摘的经历并不美好，小D便再也不请大家去果园采摘了。她换了一种和我们沟通感情的方式——请吃饭。

按说大家闲时凑到一个小馆子里，聊聊天吃吃饭也挺好的，哪怕是AA呢。但小D总是能把这件挺有趣的事处理成一件强人所难的事。她自己定了时间、定了地点，然后挨个通知大家，但凡有两三个不能去的，她也一定要让人家到场露个面，哪怕中途离开也可以。

因为采摘园事件，我很了解她的心思。她担心没有表示会失去我们给她的工作，又不想太破费、太费事，于是就盘算着能在最低的成本范围内一次性地还清所有的人情。那些不能出席的同事，这次不来，她觉得应该单独再请一次，虽然人家并不在意，也不会因此影响对她的印象，但她自己不安心啊！

一来二去，大家都明白小D的心思了，也对她有了一些看法。没有任何一个人，因为她寄生于我们公司而小瞧她，也没有任何一个人暗示过她应该有所表示,她给我们干活,我们给她钱,这是天经地义、顺理成章的事情,但她总是想得太多,总觉得潜规则这东西,适合于任何地方。于是,她就硬塞个东西给我们,觉得这样就完成了一次人情往来。

最要命的事,她硬塞给我们某个东西时,从来不会考虑我们的感受,因为她的目标就是送出去。

有一次,不知哪个朋友送了她渔家乐的团购票,她便请当时和她有业务往来的周姐去玩,周姐是一个资深宅女,不吃海鲜,但盛情难却,于是只好现去买防晒霜和泳衣,置办了一身行头,回来后拉了两天肚子,发誓再也不去海边。还有一次,她忽然邀请大家去一家川菜馆吃饭,公司同事大多都不吃辣,但各个心知肚明,无一缺席,因为我们之中如果有谁错过了这次请客,那就意味着我们要给小D添麻烦了。所以,我们宁愿麻烦自己。

慢慢地,小D的热情成了我们所有人的负担。但我们已经接受了人家的"好意",且她的业务没有问题,我们不可能因此而终止合作。现在,大家最怕听到她说"改天我请大家一起出去玩""改天我请大家一起出去吃饭",因为迄今为止,小D没有给任何人带来愉快的回忆。

后来,大家商议了一下,决定给她好好上一课,我们打算请她吃顿饭。

我们先问了小D的时间安排,把请客的日子定到周末;又了解到她爱吃烤肉,于是订了一家韩式烤肉店的位子;我们没有事先点一盘菜,全都等小D到了之后再做决定。大家在一起聊聊天，吃着可口的菜式，感觉特别好。我们只是希望她能明白：第一，大家的关系没有那么复杂，聚在一起只是为了开心，不是为了某种商业目的；第二，这个世界上，真的有那种不喜欢被奉承的人，人家觉得心累，大多数人都不喜欢应酬；第三，如果一定要营造一种应酬的氛围自己才安心，那最好别用应付和打发的姿态，你随便抓起一件什么东西扔过来，我们接住了，扎了一手刺，你觉得就可以一笔勾销所有的情分，但我们觉得，那叫不礼貌。

然而，事实证明，我们处心积虑上的那节课，一点儿都没用。一段时间之后，她还是像过去一样，什么方便就把什么丢过来，这次大家再也不忍，纷纷以"我没有时间""我真心不想去""我周末有事"等理由拒绝，反正我们一如既往，不安心的只是她。

/守规矩
不是示弱的表现/

把守规矩当作示弱的表现，靠破坏规矩来刷存在感，这类人该有多么自卑和无能？人格要有多缺失，才会觉得被约束等于被轻视、被制止等于被欺负？

坐地铁的时候，不管人多人少，总能看到倚靠在扶手栏杆上玩手机的人，一脸悠哉和惬意，周围一众乘客因此无处可扶，他却视若无睹，大家也是无可奈何，毕竟你总不能把手强行塞进去和人家的身体亲密接触吧？坐公交车的时候，不管是早高峰还是闲时，总能看到坐得随意、站得舒展的人，其他乘客都快挤成标本了，只见他，不当不正，前后左右各留出半个人的空当儿，愣是在狭小的空间里给自己开拓出一块地，一个人占了四个人的位置。

遇上第一种人的时候，我也曾把手强行塞进去扶着栏杆，栏杆是大家的，但那个人照旧把身体全部重心都放在栏杆上，我的手被挤得生疼，不得不抽出去；遇上第二种人的时候，我也曾仗着体格瘦小强行挤入那半个人的空当中，但我全程只能缩着身体保持半蹲的姿势待在他的腋下，他根本没有半分挪一挪的意思。更要命的是那些坐姿"大气"的人，小小的公共交通座椅也能被他们坐出太师椅的风范来，他们总是有那个本事把自己的那副皮囊摊到两个椅子上，把旁边的乘客挤到缝隙里，你若不让着，他们便紧紧地贴着你的身体，反正最后，一定是你首先感觉不自在。

为什么呢？因为你有道德心而他们没有啊！

气急的时候，我特别想问问：您就不能站直了扶着栏杆吗？您就不能规规矩矩一个挨着一个好好站着吗？您坐着的时候就不能把您那尊贵的双腿并拢一下吗？您在家里瘫着谁也管不着，没过够那舒适的瘾就别出门啊！你以为全世界都是你的地盘？

后来我慢慢发现，这种行事以自己方便舒适为出发点的人，遍布每个角落。从前的种种看不惯，慢慢习惯成自然，你声嘶力竭地抗议，他们只微微一笑觉得你很神经，根本不接你的茬儿，该怎么着还是怎么着。而我能做的，竟然只有保证自己不同流合污，以知白守黑、和光同尘的心态行走，并衷心祈祷，让所有不守规矩的人都快点被自然淘汰，早日还这世界一份清平。

只是我不明白，到什么地方，到什么时候，便拿出相对应的姿态，遵守相关规则，保持一点自律性，真的有那么难吗？

比如排队这件事。我去银行办业务，去医院挂号缴费，去车站买票，去商场收银处付款，等等，凡是需要排队的地方，从不曾见过一条清清爽爽、不旁支外出的队伍，总有那么几个人，要么伏在队首的窗口位置，要么夹在某两个人之间，把不是很长的队伍变得很粗，没人计较的时候总能侥幸过关，有人计较的时候他们便一脸愤愤不平，带着一身怨气挪到队尾。

再比如过马路的时候，总能见到等得了四十秒钟但等不了四秒钟的人，甚至还能见到连一秒钟都不想等的人，马路上川流不息，车速迅疾，有些人根本视而不见，大摇大摆闯入机动车道，逼停所有来往车辆，那种毫无畏惧的样子，给人的感觉就是，命是租来的，无押金，废就废了没关系。

我曾问过一位带着小宝宝闯马路的阿姨："您这样多危险啊，还带着宝宝，就不能等绿灯亮了再走吗？"

阿姨无所谓地笑笑："我可不爱等，太着急、太麻烦了，再说他们也不敢撞！"

不过几十秒钟而已，平日里这位阿姨在副食超市排队买特价鸡蛋一站就是一个小时，那个时候，她一点儿都不着急。我一开始并不太理解，后来想明白，她不是真的等不了，她只是不习惯被交通规则约束，不喜欢不能随心所欲地生活。排队买鸡蛋的时候，她其实也特别想加塞儿，但她放肆不了，因为和她一起排队的那些人，和她都是一样的人，在一群都不喜欢约束自己的人面前，反而比较容易约束自己。

这个世界上的很多矛盾和不快，都源于人们没有或者不愿意随着环境的变化改变自己。我见过在医院里、在别人家里大肆吸烟的人，见过因为自己坐过站逼停司机要下车的人，见过随地吐痰随地扔垃圾的人,见过让孩子随意在公共场合大小便的人,见过躺在火车座椅上占着别人座位的人,见过没有耐心了解办事流程就对银行窗口业务员"出口成脏"的人……你跟他们理论,告诉他们这样不对,他们便会不高兴:我就是爱吸烟,你凭什么不让我吸,受不了滚远点;我就是要下车,你凭什么不让我下,你不近人情;我就是要吐痰就是要扔垃圾,你凭什么阻止我;孩子憋不住了怎么办?憋坏了你负责吗;我太累了躺着舒服啊,就不给你让你能怎样?我就是想赶紧办完业务,家里一堆事儿呢,就是不想等……

纵观这些人的一生,就从来没有"忘我"的时候。他们活在这个世界上,只追求自己方便、自己快活,一旦有任何因素阻碍他们以自己过往的模式随心所欲,他们便人挡杀人、佛挡杀佛,不惜露出丑恶嘴脸,也要把秩序扰乱,杀出一条肆意妄为的路来。结果就是,所有守规则、懂约束的人,都得全身心成全他们的不守规则、不懂约束,他们不觉得可耻,反倒把能让所有人都让着他们的情况,看成一种能耐和本事,扬扬得意,无聊至极。

不信你看,如果有小孩儿加塞儿,很多家长不但不会批评,反而会表扬他"机灵";那些逼停公交车司机的人,下车的时候都是一副得意的神情;在禁止吸烟的场合偷偷吸烟成功的人,全身都笼罩在一种迷之特权的光环之中。他们追逐且享受破坏规则的快感,践行了"我就是这样,谁都拿我没办法"的信条后,便觉得自己成了全世界的王,五湖四海都是他的领地。

直白点说,不过是做人够流氓而已。

费斯汀格法则说，生活中的10%是由发生在你身上的事情组成的，而另外的90%则是由你对所发生的事情如何反应所决定的。一时的不自律，你只看见它会带来短暂的便利，却忽略了隐藏的祸患，日积月累之下，那些被破坏的规矩，一定会表现出反噬的特性。

比如，因为闯红灯、横穿马路而被撞身亡的人，他一定不是第一次闯红灯、横穿马路；因为在飞机上打开窗户而被处罚的人，在日常生活中肯定也开过空调大巴的窗户；去国外旅行最终被旅行社拉入黑名单的人，他在国内旅行的时候必定干尽破坏景区的缺德事；不按期还信用卡最终被银行拉入黑名单的人，不知有多少次逼得熟人把借钱变成赠送。不喜欢排队的人，肯定一辈子都在找机会加塞儿；在禁烟场所坚持吸烟的人，从来不知尊重为何物，他也一定干得出更多践踏别人的事情来，并以此为荣，当然也别指望他的后代多有教养。

是的，你和你的后代日后所要承受的所有恶果，都是当初那些不当行为产生的连锁反应。

想想看，把守规矩当作示弱的表现，靠破坏规矩来刷存在感，这类人该有多么自卑和无能？人格要有多缺失，才会觉得被约束等于被轻视、被制止等于被欺负？

规矩是用来约束大家的，想对那些破坏者说：当下你还有肆无忌惮的便利，不是因为你"勇猛"和"机灵"，也不是因为大家都不敢惹你，而是因为大多数人节操尚存，愿意恪守规则，才给你这种小概率麻烦创造了苟且的空间，不守规则无异于游走在丛林边缘，会慢慢使自己堕入更多动物属性强烈的种群之中,当身边的伙伴都不再讲求规则,你一定会死得很惨;也想对那些守护者说:受得了约束、守得了规矩并不吃亏,谁更接近文明,谁就能看到更好的风景,过更好的生活,世界每一天都在大浪淘沙,横冲直撞的人一定会最早被湮没。

/想要谁都不得罪，
只能自己活受罪/

你真正的价值，就是在摘掉"老好人"桂冠后所剩余的价值；你真正的朋友，就是在摘掉"老好人"桂冠后，还依然不离不弃的朋友；你真正应该在意的感情，就是在摘掉"老好人"桂冠后，还依旧纯真坚定的感情；你真正拥有的生活，就是在摘掉"老好人"桂冠后还握在手里的生活。

一向开朗活泼的小娅，这几天看起来有点颓丧。同屋的几个老大姐八卦心很重，趁着午休吃中饭时刨根问底："小娅，你最近这几天怎么了？"

小娅沉沉地叹了一口气，不停用勺子戳餐盘里的米饭，过了很久，她才拖着哭腔说："我老公哥哥的儿子在我家过暑假……"

关于小娅的这位小侄子，我们早有耳闻，知名的混世魔王，超级破坏分子，在江湖上是与哈士奇、萨摩耶、阿拉斯加齐名的拆家小霹雳，从小就被家人宠坏，去哪儿都无法无天，属于人见人烦、花见花败的魔鬼型选手。因为小娅婆婆的缘故，每到寒暑假，他没少在小娅家里寄住，小娅家里所有好玩的、好吃的东西，一件一件都被顺走，这倒也可以不计较，关键是，家里多了一个没教养的孩子真的很影响生活质量的！

几位老大姐一听，开始替小娅发愁。按说把孩子养成这副德行就不该随便放出来祸害社会，但这世上不是还有一种自认为"我家孩子天下第一可爱"的父母嘛。

我说："你也真是，就让你老公直接跟你婆婆还有他哥哥说，不要让孩子来就好了嘛。你婆婆想念大孙子，可以去她大儿子家里看望呀！"

小娅噘着嘴，露出一副不争气的窝囊样子，小声说："他们是挂念着这边好玩的地方多，再说我也不好意思张口，这样一说，多得罪人啊。"

我就猜到她会这样说，说实话，共事这么多年，我还真没听见小娅对谁说过一个"不"字，她可是公司内部著名的"老好人"。

去年，同屋的莎莎结婚，公司规定的婚假只有一周，但莎莎要去欧洲度蜜月，这点时间肯定不够，她便跑去找领导请假，软磨硬泡之下，领导暗示：只要她能找到人愿意接手她的工作，保证公司运转正常，公司就睁一只眼闭一只眼，容她多休几天。

莎莎瞄了一圈，一眼锁定头顶天使光环的小娅，因为在这间屋子里，也只有小娅不会拒绝这种出力不讨好的事情。第二天，莎莎放心地登上了去欧洲的航班，小娅的悲惨生活就此开始。公司里的人事安排向来遵循一个萝卜一个坑的原则，每个人的工作量都很饱和，不太可能有富余的时间同时做两份工作。而领导的态度也很明确，这是莎莎自己的人情往来，公司不插手、不调薪，只看结果，不问过程。

小娅没办法，不得不每天加班到晚上9点钟，做完莎莎的工作再回家，这一做就是二十天。莎莎从欧洲回来后，兴高采烈地向同事们发放纪念品，看见一双黑眼圈的小娅，也只是轻飘飘地说了句："谢谢亲爱的，辛苦啦，我特意给你准备了双份小礼物！"

呵呵，事后我偷偷问小娅："当初莎莎求到你头上的时候，你为什么不拒绝？"

小娅又露出那副容易招惹小人的窝囊样子，小声说："唉，我没想到两个人的工作这么多，不过一口拒绝多不好，多得罪人啊！大家同在一个屋檐下，以后我还怎么和莎莎相处？"

小娅日后和莎莎怎么相处我不敢想象，但莎莎是如何与小娅相处的，我们可都是看在眼里的。

小娅每天早上到公司，要带两份早餐，不用问，另一份是给莎莎带的。通常，每天下班前，莎莎都会提前预订，"亲爱的，明早帮我带一份咸味的豆腐脑不加葱花和香菜，加少量辣椒油，外加一根油条，记得要刚出锅的那种脆脆的噢""亲爱的，明早帮我带一份甜口的豆腐脑不加葱花和香菜，不加辣椒油，外加一个甜脆圈噢"……

有一天早上，我下了公交车，正好遇见小娅。只见她双手拎着一袋一袋吃的，有碗装的、有杯盛的。小娅把这些袋子分别挂在不同的手指上，并努力张开五指，以免把那些满满当当的碗啊杯子啊挤歪了,把里面的汤汤水水挤洒了。

我见她的手指肚已被勒得发紫,赶紧上前帮她分担一点儿,随口说道:"莎莎住那地方,一出门到处都是早点摊儿,她就不能自己在家吃好了再来,你也是,她让你带你就带!"

小娅绽开了软柿子般纯天然无公害微笑:"她可能是怕迟到吧。唉,带就带吧,一顿饭而已,也没什么大不了的,她既然张口了,我也不好意思回绝,那样多得罪人。"

小娅的厚道,或者说傻,让我们觉得好窝心,平时也没少议论莎莎做事过分,但当事人小娅都没说什么,即便我们有心为小娅打抱不平,也不好张口。而莎莎呢,就好像吃定了小娅一样,芝麻大的事情,也要麻烦小娅。我多么希望有一天,小娅能硬气起来,直接回绝莎莎:"对不起,我不方便,你自己做吧。"

可是她没有,从来都没有。她一直在为难自己,供养一种摇摇欲坠的所谓友情,维系一种一个"不"字就能斩断的关系,活在天下太平的假象里,她把这种单方面付出叫作经营。她的善良,透着一股懦弱的气息,表现为一种刻意讨好的姿态。只是,一个人的能量终究是有限的,而另一些人的无耻却是没有底线的;内心的感受是真真切切的,而连拒绝也经受不起的情谊根本就是虚假的。在任何情况下都不舍得、不敢于、不愿意和别人开撕的人,往往先要撕碎自己,先结束一个人的战争,再奉上他人世界里的和平。

但撕碎自己的疼,善良的人都懂。

某天,莎莎给小娅传了一份离线文件。点开一看,是前半年的销售数据,密密麻麻的数字,看得人眼晕。

大家都是平级平辈的关系,莎莎张口便说:"小娅,这份文件你帮我对一下吧。"

小娅当时正在忙,说:"那我下午看吧,上午有文件要做,领导急要的。要不你先对着,对不完我再接着对。"

莎莎随口说一句:"那我还是等你吧,我看这个眼睛疼。"

莎莎说完这话,办公室里瞬间安静下来。如果有弹幕,可能会是这样的:

"谁的眼睛也不是探照灯啊,你嫌累嫌疼难道别人就没感觉吗?"

"小娅骂她,节操呢?"

"莎莎画风这么清奇,请问人事部从哪儿招来的?"

"呵呵,请她原地爆炸好了。"

小娅操作鼠标的手,突然停了下来,她盯着莎莎的脸看了一会儿,然后扯出一种我从未见过的笑,从前的笑里藏着讨好,但那天的笑里藏着一把刀。

我隐隐觉得好像有大事要发生。

果不其然,小娅涨红了脸,发出颤抖的声音:"对不起,你看了眼睛疼,我看了眼睛也会疼,那本来就是你自己的工作,你自己看,我没有时间帮你!"

看,天底下本就没有绝对的逆来顺受,底线这东西,人人都有。

我强行按捺住跑出去放鞭炮的冲动,在心里默默喊着"干得漂亮"。再看其他人脸上那股压抑不住的兴奋,顿时觉得我们好像获得了某种胜利。

是的,是我们。我们是同事,在利益和竞争面前,关系微妙,但这不妨碍我们是同一类人,我们照样讨厌整日被莎莎之流恶心。小娅肯站起来,是我们每个人的胜利。

再看莎莎,茫然无措地看着小娅,嘴巴张合几番,终是没能说出一句话,因为她本就无理。她大概无论如何都想不到,往昔逆来顺受任自己差遣的小娅,怎么突然就有了不肯当牛做马的觉悟了呢?彼时彼景,她能做的,只是把所有的不满堆在脸上,宣泄消化不了的窘迫,暴露自己的人格底线。而那些年,小娅代过的班,捎过的早餐,受过的累,背过的锅,早已因为这一次拒绝变得一文不值。

但我知道,现在的小娅,不会在意了。当她心上最后一根稻草被压弯,就不可能再忍受来自他人明目张胆的践踏。莎莎是小娅开启新生活的序幕,她的过分让小娅终于肯看清人与人之间的不同,面孔与嘴脸之间的区别。自此后,小娅从里到外变了一个人,她每说一次"不",气场便强大一分,久而久之,她不再是同事、家人眼里最亮眼的软柿子,也不是人人可以权衡的小菜碟。

而令人感到诧异的是,伴随着小娅的翻身,莎莎彻底变成了畏首畏尾的老鼠。不知道夜深人静时,她是否肯反省一番,自己是如何一步一步把那个心甘情愿帮她忙、天天帮她带早餐的好伙伴弄没的,更不知道她是否还能适应再无捷径可走、再无便宜可占的职场生活。

某天,我见小娅在朋友圈发了这样一条信息:体会人生快意，是从敢于得罪人开始的。我就知道，她已准备顺势而下，踏平别人强加给她的所有不如意。

那日午休吃饭时，大家闲聊，小娅说："我把老公的侄子赶走了，打电话直说的。"

我揶揄她："你不再害怕得罪人了？"

她淡淡地说："得罪就得罪吧，又能怎样？"

是的，又能怎样？至多不过失去一个从来不曾尊重过自己的人而已，却能收获更舒心、更自在的生活。说到底，还是愉悦自己更重要一些吧。人生如此漫长，难免遇上各种各样的人，如若谁都不得罪，势必只能自己干受罪。那些你不想得罪、不敢得罪的人，他们永远都是挡在你面前的一道墙，永远都不会变成成全你的一条路。你更无须担忧打破和谐之后的"得不偿失"，你真正的价值，就是在摘掉"老好人"桂冠后所剩余的价值；你真正的朋友，就是在摘掉"老好人"桂冠后，还依然不离不弃的朋友；你真正应该在意的感情，就是在摘掉"老好人"桂冠后，还依旧纯真坚定的感情；你真正拥有的生活，就是在摘掉"老好人"桂冠后还握在手里的生活。我们绝不该把有限的心情，都用来纠结那些虚无缥缈的人与事。

/是的，就是积极努力赚更多的钱让我变得更好了/

没有钱包的充实，何谈精神的自由？你永远都别指望靠安贫乐道、穷游、读几本书来打开眼界，何谓精神上的富足？就是你用物质承担起应该由你承担的人生责任之后，所享有的那一份自由与从容。

时隔八年，再和老同学相见，畅聊一番后，他们不约而同地得出这样的结论：你变得和过去不一样了！

有天和朋友小薇煲电话粥，谈及我们各自的变化，她也说："大毛，我觉得你变得和过去不一样了。"紧接着她又问，"你是因为什么变成今天这样的？"

我在脑海里把这些年经历的人和事迅速过滤了一番，至今仍记忆深刻的负面事件有：被小老板拖欠工资，失业，暗恋多年的人结婚，被同事欺负，被前男友甩，家里被盗贼偷光，生病，换工作……

我一直为了爱我的人而努力，但不能否认一直被不爱我的人推动。以上种种确实让我变得越来越坚强，但同时也让我变得越来越坚硬，与我如今的从容和乐观并没有太大关系。细究起来，真正促使我向这个世界打开自己的，是钱。

对，就是努力赚钱让我过得更好了，继而变得更好了。

在没有钱的日子里，我的生活是怎样一番光景呢？

读小学的时候，我从来没有零花钱，以至于三伏天时偶尔去小卖部买一次雪糕，会成为同学们眼里的奇闻趣事；彼时还没有实行九年义务教育，每年开学，我永远都是班里最后一个缴费的学生，那位严厉且势利的女老师常挂在嘴边的话就是"你每次都拖班级的后腿"，常常让我陷入深深的自责；全班出去郊游时，别的同学都带小零食和饮料，只有我带的是大饼……我的童年，就是在家人的愁容、外人的嘲讽、亲人的怜悯中度过的，没有类似生活经历的人，永远都体会不到这种自卑感，是如何一步一步根植于心中的。

家人都很勤劳，想各种方法脱贫，但贫穷的状态还是这样持续下来。我现在才明白，有些贫穷既不是因为懒，也不是因为蠢。20岁之前我没穿过什么新衣服，有一件红格子夹克我只在过新年的时候才舍得穿；初中住校的时候从来都吃不饱，一顿饭只有五毛钱；花三块钱去剪头发回家会被妈妈骂半天，说我不懂节省；我从高中开始接受好心人的资助，一直觉得自己是以一种乞讨的姿态完成了学业。在大学毕业后的很长一段时间里，我还是一如既往地穷，不敢和同事出去逛街，害怕有同学聚会，也不太喜欢回家，惧怕一切改变，整个人的状态可用一句话概括：瑟瑟发抖地缩在角落里求生。

在这种环境中长大的我,从来没愤愤地问过"我凭什么这么穷",也没有思考过命运和公平。我一直心无怨念,习惯把所有的坎坷都揽到自己头上,心里背负着很沉重的罪恶感。我觉得如果我不上学,家里就不会那么穷,父母就不会那么累,姐姐也不会那么早出去打工,很多人不必受我牵连承受麻烦,比如带着我到处寻求帮助、拿自己的钱补贴我的大伯父,还有那些一再借钱给我的亲戚。有一段时间,我一直都觉得自己是麻烦制造者。

我在上大学的时候,不敢报名竞选学生会干部,根本原因是我没有钱去社交,不敢谈恋爱也是因为我没有恋爱经费,不想因此多一项开支。二十几年的贫穷生活,让我知道了钱的重要性,也让我更加笃定,在这个世界上没有钱寸步难行。

事实也确实就是这样,没有钱包的充实,何谈精神的自由?

没有钱这件事,确实磨炼了我的身心,提高了我对苦难的适应力和承受力,但给我留下了终生难愈的后遗症:缺乏自信。我穿好看的衣服会不自在,害怕成为人群中的焦点;有很多不开心的事不敢说破,习惯自己默默承受,过于谨小慎微。最让我感到烦恼的是,我不会交际,拿捏不好人与人交往的分寸,掌握不好其中的度,不懂得怎么接住对方抛过来的橄榄枝。我总是觉得,我不应该受到太多人的青睐,我也没有资格成为别人的好朋友,我就是应该被轻视的那个人。

比如,有人要给我邮寄小礼物,我一般都会特别惶恐,最后往往都会拒绝,我不是嫌弃东西不好,而是不知道该不该要,万一人家只是客气客气呢？万一给人家添了很多麻烦呢？

又如，别人只对我一点点好，我都会感到受宠若惊，继而无所适从，就是觉得自己不配得到别人的好。到现在我还记得，前男友在地摊上花两块钱买的小熊钥匙扣都能让我心里甜到齁的感觉。

再如，有人早已打好招呼，有事可以找他帮忙，但我即便真有需要也不好意思开口，我不敢麻烦别人，我觉得我不会得到别人的帮助。

在当今这个社会中，不会承人好意也不敢麻烦别人，基本很难翻开友谊的新篇章，人和人之间的感情就是在来来往往中逐渐加深的，没有几个人有耐心去看透在我高冷的面孔下，其实藏着一颗怯懦的心。我不敢交际，我害怕自己在对方心里没有分量，更害怕承担不起交际的开支。我的好朋友特别少，我只维系"滴水之恩涌泉相报"这一种人际关系，活得很被动。

后来，我在工作之余开始写字、做兼职，每天熬到半夜，第二天还要上班，周末没有休息，真的特别累，而且只有一半的付出才能产生经济效益，因为有大量的退稿，但因为我抓住了纸媒兴盛的小尾巴，源源不断的稿费让我很快还清了助学贷款和债务，经济状况大有改观，也开始有能力回报家人和那些帮助过我的人。付出感在很大程度上提升了我的自信，从存下人生中的第一个一万块开始，我很明显地感觉到，一切全都不一样了，尽管那些钱并不多，但至少，让我睡得踏实了。

收入越来越多以后，我尝试着改善自己的生活，可以吃得好一点儿，穿得好一点儿，不打怵参加聚会，不害怕请人吃饭，不担心第二天睡大街，不恐惧生病。即便我依旧不自信，依旧不懂社交，但我敢于向前走一步。至少当有人提议"我请你吃大餐"的时候，我不用做太多心理活动，可以爽快地说"好呀"，大不了，下次我花钱请回来啊。你看，原本复杂的人生，瞬间就简单多了。

如果人生中99%的烦恼都是因为没钱，那么有钱之后，所背负的自然会越来越少。

有人说，其实你的问题不是没有钱，而是心态不好，你最应该去调整自己的心态。但事实证明，当你能够通过自己的努力，改变没有钱的状态时，调整心态根本就是多此一举。只有那些改变不了现状的人，才需要拼力调整心态。当现状改观之后，心态自然而然就好了，根本无须刻意调整，而且治标又治本。

这并不难理解，你让一个连三顿饭都吃不饱的人调整心态，别活得那么焦灼，肚皮也不会同意的。等他吃饱了，心态自然会悠闲。

生活中，认识我的人，都知道我特别爱钱，他们称我"小财迷"；熟悉我的人，都知道我只爱通过自己的努力赚来的钱，他们称我"拼命三娘"。我对外的解释一概为"因为我是金牛座，天生爱钱"，但只有我自己清楚，这是我积极治疗自己的方式，我想通过后天的努力，治愈自己因为贫穷而衍生的心理问题，完成二次成长。努力会让我看清自己的价值，不再妄自菲薄；努力后的成果，会给我最有力的资本和支撑，让我在面对这个世界的时候，不再畏首畏尾。人生的局面，真的不是靠胆大和盲目自信打开的，无论你精神上多么富足，没有物质做支撑，你永远都是虚弱的。你永远都别指望靠安贫乐道、穷游、读几本书来打开眼界，何谓精神上的富足？就是你用物质承担起应该由你承担的人生责任之后，所享有的那一份自由与从容。至少我在性格上的改观证明，通过努力让自己在物质方面过得更好，是一条特别有效的途径，比调整心态什么的，靠谱多了。

当然，我也见过很多没有钱但从不慌张的人，他们要么有人托底，要么就是有善于放过自己的天分。我也不太确定，没有因贫穷而改变钝感的人，究竟是有幸还是不幸。但身陷贫穷之中，如果你感受不到疼痛，并不是因为贫穷不可怕，而是这把刀刺到了别人身上。就好像，那些在大学里吃喝玩乐的学生，可能有一双在土里艰难刨食的父母；搂着女朋友到处旅行晒照的小情侣，可能有一个在工地上咬牙背砖、汗流浃背的力工爸爸；打扮得人模狗样，在空调屋里操作电脑的所谓精英，可能有一个早早辍学在流水线上装零件给他赚生活费的妹妹；新款苹果手机一上市就疯狂追风的小姑娘，可能有一对去副食商店买苹果只买特价货的爹妈；在婚姻里只负责貌美如花的妻子，可能有一个为了房贷、车贷、孩子奶粉钱日日加班到凌晨的老公……最起码，当你决定去过那所谓的"自己想要的生活"时，你得保证日益年迈、逐渐失去劳动能力的父母有养老金，否则，你"自由"了，他们怎么办？

我有很多像我这样在贫穷中挣扎多年的朋友，如今他们中的大多数通过自己的付出，换来了比过去好得多的生活，但依旧踏踏实实者多，浮起来得少。总结起来，我们有一个共同的特点：务实，且不是很喜欢把精神层面的冷暖挂在嘴边上，我们承认精神建设的重要性，也认可人要有精神生活和精神追求，但它一定要经过时间的沉淀和岁月的洗礼。因为我们都感同身受：精神享受是物质享受的衍生品。只有落实了柴米油盐酱醋茶，真正经历了风风雨雨并挺了过来，我们才可能有那份闲心理会45度仰望天空的忧伤。

　　人和人生来就是不一样的，贫穷者多，平凡者多，富贵者少。从不缺钱但向来不看重钱的大气，大富大贵之后遭遇落魄的通透，这种格局，大多数人没有，大多数奋斗中的年轻人没有，其实也不该有。因为你的路还很长，你要走下去，必须有足够的盘缠。你只是个普通人，要远行也该披着战胜现实的荣光，而不该因难以承受挫败打着追求精神自由的幌子。别那么早逃离，如果觉得生活艰难，试试去努力赚钱；因失去爱情而绝望，试试去努力赚钱；孤单难以忍受，试试去努力赚钱；朋友越来越少，试试去努力赚钱；胆怯卑微，试试去努力赚钱……总之，在人生该往前冲一冲的时候，千万别闭上眼睛原地打坐，默念"一切都是虚无，我要获得精神的自由和心灵的丰盈"，那不是你该有的姿态，你千万别错误地闯进了别人的人生。精神的自由和心灵的丰盈并不等同于我认了穷命啊！等你通过自己的努力，承担了该承担的责任，改变了生活现状，提升了生活档次，找到了人生方向，坚定了人生目标，你的精神自然而然就自由了，你的人生自然而然就丰盈了！

THREE
转角的风景更多

你越是努力往前走,你感受到的恶意就越多。
但无论有多少种外力东拉西扯,
请都别偏离自己的方向。
在不同的人生阶段努力做到最好,
是一件永远正确的事,
千万别驻足在旁人给你画好的安全线之前。
你只需要记得,
哪怕你比他们多走一步、多坚持一分钟,
你都能看到不一样的风景,
那时,尽情敞开怀抱感受新境界,
至于身后那些人端盆瞭望的姿态如何,真的不重要。
因为冷水不是背负,冷水是鼓舞。

她们比你美丽，还比你有能力

你一直以为自己看到的是一排花瓶，却忽略了花瓶也是瓷器啊！任何能力和实力，都无须靠丑来衬托。你以为自己是一股清流，其实根本就是一股泥石流。

老夏向来不爱打扮自己，也看不上那些花太多心思装饰外在的人。平日里大家就这个话题展开讨论的时候，老夏的看法一向粗暴："只有那些内在很差的人，才要通过外在来弥补！"说这话的老夏，头发随意地拢在脑后，用一块钱一袋的小皮筋缠着；素着一张脸，目测只抹了最基础的乳液，因长期熬夜留下的黑眼圈显得格外隆重；穿着玫红色的冲锋衣、蓝色牛仔裤、黑色运动鞋，出来进去风风火火，整日斜挎着一只黑色的皮袋子。老夏本身底子就非常一般，加之对"后天美"的排斥与不屑，使她浑身上下都散发着"我和你们这群妖艳贱货不同"的信号，在这家以"时尚感"著称的杂志社里,简直就是神一般的存在。

老夏所在的编辑部一共有六名编辑,三名90后,三名80后。资历最老的姚姐,1980年生人,还是两个孩子的妈妈,虽说身材和长相不佳,但人家特别爱打扮。看,高腰长裙美化了身材比例,精致的妆容和发型修饰了不完美的脸型,小披肩遮住了蝴蝶臂,细高跟增添无数女人味。其他几位编辑自身条件都很好,稍用心收拾一番甚至能达到"惊为天人"的效果。唯有老夏,走的是"少林寺扫地僧"的路线,她的审美观和价值观,活生生地把她逼上了所谓的实力派这一座独木桥上。

老夏确实有实力,工作八年审校零差错,对待工作认真细致,主编派发的采访任务,她也都能保质保量地完成。当然,考虑到杂志社的形象,主编也曾向老夏提出一些着装建议,但都被老夏无情藐视,她总是非常诚挚坦荡地说:"主编,咱们一起工作这么多年了,我是什么样的人你是知道的,我是个做事的人,不喜欢包装自己,也搞不来那些表面的东西。"

彼时,年逾四十的主编穿着某知名品牌的新款高订,留着当时颇为流行的空气刘海,裸色高跟鞋表面布满金光闪闪的铆钉。她听老夏这样说,将涂着口红的嘴巴张成O形,讪笑许久,才吐出一句:"哇哦,老夏你好酷噢!"

实话讲,老夏瞧不起这间杂志社里的其他人,有点不屑于与这帮靠脸吃饭的人为伍。尤其是编辑部里那三位90后,老夏一直想不明白,主编到底看上她们哪儿了,整日把她们当作人才宝贝着。小Q,负责汽车版面,特别喜欢吃马卡龙,喜欢到天天穿着"马卡龙色"上班，玫粉、柠檬黄、薄荷绿这些浓烈明媚的颜色确实很衬她白嫩的皮肤，但看一眼就感觉甜得发腻，老夏实在难以想象这样的着装打扮，如何与各大汽车4S店的老板打交道；珊珊，负责美食版面，每天把自己打扮得好像不食人间烟火的仙子，走森女路线，常花半天时间涂指甲，多数时间，她要穿街走巷发掘苍蝇馆子里的美味，老夏觉得她能胜任这份工作，很大一部分原因是她的工作难度低，不就是吃吃喝喝瞎评论嘛；琳达，负责时装版面，是杂志社里最时尚的一个，从来没有穿过重样的衣服，老夏对她意见最大，总觉得她有那么多钱置装，肯定做了很多不可描述的事情。

至于其余几位，虽说个人风格不是很鲜明，但都是外在方面下了力气、动了心思的。老夏一想起她们，便忍不住摇摇头，感慨一番：这个物欲横流的社会啊，人真的是越来越浮躁了，我要坚守自己，宁做深巷的美酒飘香，也不做华丽的幌子招摇。

虽说大家不是同路人，但由于业务上互不相干，也算相安无事。但后来发生的两件事，让老夏觉得非常惶恐。

杂志社的美编是个隐形富二代，有一天，她忽然提出离职，因为全家要移民新西兰。一时间，主编找不到合适的美编，但杂志肯定是要如期出版的，正一筹莫展之际，一抹亮色忽然从人群中跃出，是马卡龙小姐，她说，她可以暂时兼职美编的工作。

没有人知道，马卡龙小姐曾是一名平面设计高手。为了消除主编的顾虑，马卡龙小姐现场制作了两页杂志。只见她一改往日的娇嗔之态，面色肃穆，手指上下翻飞，全程使用快捷键，操作能力简直惊人，令所有人大跌眼镜，尤其是老夏。她目瞪口呆地注视着马卡龙小姐那粉嫩的背影，想起自己往日对她的轻看，又想起自己拙劣的设计软件操作水平，忽觉脸部发热，继而从头凉到脚。

马卡龙小姐兼任美编的那期杂志，卖得格外好。总社也群发邮件大力表扬当期杂志品位提升了不止一个档次。汽车版面本就小一些，工作量也不多，主编最后决定让马卡龙小姐一直兼任美编这个职务，薪资升两级，年终奖翻倍。从此后，马卡龙小姐可以买更多的马卡龙吃，也可以买更多的马卡龙色系衣服了。而领略过马卡龙小姐操作老练的一面后，老夏默默地把她从"没有内在"的行列中剔除。

当年底，因策划案没有话题性一直被总社狠批的主编突发奇想，决定让每个编辑做一套其他版面的策划案，只当是换个角度、换个思路。那位被老夏瞧不起的森女小姐珊珊，做的就是老夏负责的版面——房地产。她一改老夏的风格，不再罗列干巴巴的数据和展示楼盘硬照，而是以一对小情侣的爱情故事做开头，将楼盘信息贯穿小情侣从恋爱到结婚到生子的人生过程。主编看到这个方案，大为赞赏，当下拍板，并当着全体人员的面，建议老夏："以后你可以多多借鉴噢，搞得灵活一些嘛。"

老夏干笑着，用余光瞥一眼那位森女小姐，只见她低眉颔首，面无表情，偶尔抬手撩一撩海藻般的长发，她依旧穿着及踝长裙,看起来纤弱无力,但就是这个看起来清高疏离、工作内容无非吃吃喝喝的小姑娘,随随便便做个楼盘的策划,便颠覆了自己多年的努力和积累。又想起自己过去对森女小姐的偏见,老夏感觉自己的脸再次火热起来。

因为这两件事,向来眼高于顶谁都瞧不上的老夏,开始分一些精力去研究她的同事。马卡龙小姐拿到美编职位后,工作压力陡增,但依旧不改过去的娇嗔模样,还是杂志社里最鲜嫩的那个人,跑完采访、收集够素材,噼里啪啦操作一通后,照旧将更多的心思花在自己身上,朋友圈里分享的都是一些穿衣打扮的秘笈。森女小姐依旧沉默,只在出策划的时候一鸣惊人,但她花在保养长发和指甲上的时间,明显更多一些。那两位80后同事,其实细细想来,和老夏一样保持着八年审校零差错的纪录,唯一不同的是,她们没有像老夏那样给自己强行贴上"实力派有内涵"的标签,好像更喜欢别人把她们划归到"偶像派"的阵营中呢。

而最令老夏感到不可思议的,就是每日变装的琳达小姐,她原有多重身份,不仅是一家服装品牌的加盟商,还是一家火锅店的股东,人家并没什么不可描述的事,人家有的是不可描述的能量。

某个周末,老夏站在自家的穿衣镜前,看着镜子里那个乱蓬蓬的自己,忽然哭了,她觉得羞愧难当,活了三十几年,算是白活。这些年来,她从来没有因为自己打扮得不够漂亮而难过,甚至一度将此视为卓尔不群的资本和证据,而如今她不得不承认,那些她曾看不起的人,不仅比她美丽,还比她更有能力。美丽和能力，根本不具冲突的关系。这世上，多的是美丽和能力兼得的人，多的是无限接近完美的人，她一直以为自己看到的是一排花瓶，却忽略了花瓶也是瓷器啊！而她呢，充其量不过是一个黄土坛子而已。

事实就是这样，任何能力和实力，都无须靠丑来衬托。那个因为不在意外在就显得很有内在的年代，已经一去不复返，你以为自己是一股清流，其实根本就是一股泥石流。无论过去还是现在，以貌取人永远都是一种狭隘的观点。我们只知不要因为一个人外在很丑而轻视他，却不知因为一个人外在很美而自动淡化他的能力和努力，其实是更大的无知。

老夏后来慢慢放下"丑的伟大，美的无耻"的偏见，也开始接受主编的建议，大刀阔斧地改善自己的形象，她这才发现，打扮自己也不是一件容易的事，不愿意让自己变得更美，并不是多么光荣的事，这是一种自我管理能力的缺失。以前总担心显得没有内涵，却忽略了也要看看自己的皮囊是否配得上自己的内涵，人活一生，总该让全世界惊艳一回。

如今的老夏，其实还是过去的那个老夏，只是改变了自己和世界相处的方式。外在对于我们而言，究竟能有多重要？在当下，它会让我们获得更多展示内在的机会。连老夏也不得不承认，过去在某种程度上，她刻意躲开美丽，是觉得那会让她身陷浮华，殊不知趋向美是人的本能，爱美也并不肤浅，把内涵美装进外表美，反而更容易获得愉悦的人生。

/自甘堕落的人求救时,早已准备好一万种自救方式了/

他们参与生活的方式就是小心翼翼地割开一条小伤口,直呼"流血啦,好吓人呀,我需要抢救";他们保护自己的方式就是用手护着这道小伤口,然后告诉准备施救的人"割伤我的人用的是无痛手法,他还蛮有心的"。

　　有次大家闲扯,聊到阿美,小顾说:"我总感觉她说话怪怪的,好像左右互搏似的。"

　　小顾说这话是有原因的。阿美最近买了新房,正忙着装修,由于经济能力有限,选择余地不大,加之家里其他人也不愿意操这份心和她分担琐碎事务,她经常感到很疲惫、很苦恼。比如,她难以在简约和奢华两种风格间抉择,于是便到处征求意见,大家知道她钱不多,又结合自己的实际情况和实战经验,给出的意见大多是"简约点好,省钱,污染小",大家也知道无论家里装成什么样以后都得是她打扫整理,便说"一定要简单点,装得太复杂,以后增加一倍家务量",等等。当然我们只是提建议,最后要怎么选择,全看她自己的喜好。

结果,阿美听完我们一边倒的意见,似乎并不舒心,只说了句:"你们说得都对,但我好不容易装修一回,怎么能不精心装修呢?"

气氛瞬间变得有点尴尬,大家面面相觑,有些困惑:并没有人阻止你"精心"装修呀,你刚才不是问我们的意见吗?

在接下来的日子里,我们常能听到阿美谈论自家的装修进程和开销。比如,地板砖做美缝处理要三千块,选一张好饭桌要一万块,配两把椅子要两千块……时不时就要跟我们抱怨物价太贵、装修太费。看她的脸,愁容满面;听她的口气,又颇有得意之嫌。我们除了呵呵,再也没有说过任何话。

一直以来,阿美都活得特别拧巴,尤其是在她进入婚姻后。

她儿子今年 4 岁,因为被家人过度溺爱,有时候就不光是淘气的问题了,而是没教养,比如,阿美吃了一块他的小饼干,他除了哭号,甚至还会脚踢阿美以示不满。

阿美转身便愤愤地跟我们抱怨:"我儿子真是无法无天了,今天就因为我逗他玩,吃了一块他的小饼干,他竟然踢我,还用手指指着我!我必须要好好管一管他!"

大家一听,小小年纪踢妈妈,这还了得!

几位略年长的姐姐便传授经验:"要是这样就必须严加管教了,太不像话了,3 岁看到老,小孩子这时候不好好管,以后想管都管不了!你可千万别纵容他!"

话说到这里,原本以为阿美会询问具体的管教策略,谁知她话锋一转,正色说道:"但我儿子平时没有脾气的时候特别乖,他还是太小了,等长大了就能懂事了!现在谁家孩子不是宝,谁能舍得管?"

后来,阿美又跟我们抱怨"儿子在幼儿园从来不好好听讲",当我们说"让老师训斥训斥"的时候,她就会说"但是老师说的东西他都能记住,你说他聪明不";也没少跟我们抱怨"儿子从来不好好吃饭",当我们建议"断了他的零食"的时候,她就会说"大多数孩子都不好好吃饭,长大以后就好了,再说他就是想吃零食,你能舍得不给他吃吗"。

那么,你一边跟我们表露困惑,一边自掘出路,演的是哪一出?

说完了装修说儿子,说完了儿子说老公。看到同屋小姐妹收到老公送的花,她要抱怨下"我老公一点都不浪漫";听说其他同事的老公会做家务会做饭,她就会抱怨"我老公从来没有这么体贴的时候",当然,当你顺着她的意思往下说"那你就好好调教一下你老公"的时候,她一定会说"我也不指望那么多了,看在他赚钱多的分上就忍了,这世上哪有十全十美的人啊"。

这就是我所认识的阿美。她每一天都有很多的抱怨、很多的困惑,但每一天都能获得很多次释然。她向我们倾诉烦恼,似乎并不是为了获得建议,只是从抗拒到接受的过程中,她需要外界帮她搭一块跳板。

时间久了,她的路数大家都门儿清,便都懒得搭她话茬儿,她再抱怨,我们便当她的抱怨都是炫耀的铺垫,直接帮她说出她的心声。

"反正你以后也不换房子了,就装这一回,倾家荡产也不为过!"

"虽然你儿子现在不听话,但长大了一定会听话的啊。"

"虽然你老公从来不帮你分担家务,也不帮你照顾孩子,还总是让你忍耐你婆婆的奇葩行径,但他赚钱多呀!"

你看,这世上总是有那么一种人,就是能够做到自欺欺人,实在憋不住的时候找人吐露三分,事后却还要用七分力来圆,可能是觉得让别人知道自己过得不幸福很丢面儿,也可能是觉得旁观者没有真心都是拿她当笑话看的,反正,你不在心里骂她一句"活该",都觉得对不起自己的耳朵和同情心;你不在心里对自己说句"以后少对他人家事指手画脚",都觉得自己幼稚没有长进。

生活中像阿美这种人,其实还挺多的,一辈子都在自言自语、自娱自乐,他们参与生活的方式就是小心翼翼地割开一条小伤口,直呼"流血啦,好吓人呀,我需要抢救";他们保护自己的方式就是用手护着这道小伤口,然后告诉准备施救的人,"割伤我的人用的是无痛手法,他还蛮有心的"。

小顾说:"每次阿美说话,都好像要和人打架似的。"

要我说,她不是要和别人打架,她只是在和自己打架,她这辈子都在和自己打架,一个她携带残存的自我意识一直在逃亡,但另一个她从未放弃对自己的追杀,最终灭了她全部的骄傲和觉醒,把她变成了现在的样子,但凡闻到质疑的味道,那另一个她就会启动警戒模式,把她拉回来、压下去。

生活中那些让你觉得"哀其不幸,怒其不争"的人,都是这副德行。究其一生，他们都没打算改善这种境况，而是一门心思想要将自己的选择和顺从变得有节操可循。

　　曾经有位女士长年遭受丈夫和婆婆的恶语相向，她过得很苦，忍不住跟朋友们倾诉，大家看不过去，一桩事一桩事地列出来，想让她看清这个男人的真实面目和那个婆婆的恶毒，重新开始新生活。谁知，她哭够了，精神垃圾倒干净了，舒心了，抹抹眼泪，腰杆子竟一下子直了起来，说道："唉，婆媳之间哪有没矛盾的，哪个男人又没点儿脾气呢？"

　　最后，她神清气爽地走了，继续快乐地为自己的选择埋单。而余下的人，皆憋出内伤。

　　所以，那句"尊重别人的选择"和"不对他人的生活指手画脚"还是很有道理的，这无关教养和人品，这两句话最大的功用在于，它能帮你躲避他人的调戏。有些自甘堕落的人啊，在向外界发出求救信号的时候，早已经准备了一万种自救方式了，你听到后不必那么认真，冲上去捧捧场就行了。

凭什么自己承担过去式的伤痛，成全对方将来式的美满

> 这个世界从来没有分配给任何一个人一次做浑蛋而不被追究责任的机会，但就因为原谅和宽容越来越不值钱，才让很多人默认了这种机会的存在，我们也才得以见到那些知错还犯的人，一次又一次请求获得重生的无耻嘴脸。

A君婚内出轨，和女下属在外约会的时候被妻子抓了个正着，人证物证俱在，他也实在没什么好辩解的。A君原以为，妻子一向善良大度，最多伤心几天，打一打、骂一骂，出口恶气，到最后还是会给他一次机会，没承想，妻子不哭不闹，直接提出离婚。

这下A君可傻了眼。

A君属于过错方，理不直气不壮，为了能让妻子帮他保留最后一丝颜面，别把这丑事在单位闹开，A君只得答应净身出户。这就意味着，前半生的人生积累，从此全部化为零。

A君惨淡离家那天，有朋友过来帮忙搬家。在奔向城郊出

租屋的路上，A君坐在轻卡车里，悠悠地点燃了一支烟，和着烟圈吐了句："我真没想到，她的心竟然那么狠！"

他不顾忠贞瞒着妻子在外面乱搞的时候，一点儿没觉得自己缺德；而妻子发现真相伤心欲绝不肯原谅他，他却觉得妻子心狠。旁人还在为人心多变而唏嘘不已，不承想一愣神间，事件的重点已经从"婚姻出轨"转移到"原配心狠"上来。

他竟然这么快就忘记了，"原配心狠"是"婚姻出轨"的必然结果，当下种种，都是他自食恶果。

A君不是不知道出轨是错的，否则不会偷偷摸摸约会，既然如此，为何明知故犯？除了侥幸心理作祟，更多的原因是，他觉得，他妻子就应该原谅他。

A君如果安安心心地过日子，也算是人生赢家一个。他有宽敞明亮的房子，有中档的车子，有不菲的存款，有温柔的妻子，有可爱的孩子，有健康的双亲，有仗义的朋友。真是不作死就不会死，看看如今的他，真是担当得起手握一把好牌打稀烂的"典范"。

从此后，一无所有的A君变了一个人，风范不再，气度难开，女下属看够他萎靡不振的德行，拍拍屁股潇洒走人。纸终究包不住火，关于A君家变的传闻就像流行感冒一样，不幸传染给很多人，大家一人一个喷嚏，就够他喝三壶。这时，少不得平时就有竞争关系的同事落井下石，顺势一脚，A君的人生瞬间跌入低谷。

A君开始酗酒，每天抽很多很多的烟，嘴巴越来越碎，德行越来越不堪，整个人也发福起来。人到中年从头再来压得他喘不过气,既忧惧未来又放不下过去,他逢人便唠叨:"她真的太狠了,害我变成今天的样子!"

有人听不下去,就反驳:"那还不是你自己作的吗?"

他听后更愤慨:"她就不能给我一次机会吗?为什么不能原谅我一次?"

因为聪明人都知道,原谅你一次就还会有第二次啊!当然,没人有这般耐心来开导他。彼时的他,烂皮囊一副,由里到外地龌龊,不曾自省一分一秒,人见人烦、神见神厌。

他根本就想不到,当妻子了解他的恶劣行径后该有多么痛苦、愤慨,回想起两人白手起家的种种艰辛,心头该有多么悲凉,这种悲凉感也许将伴随妻子一生,造成无法弥补的伤害,他不觉得亏欠,竟然还有脸抱怨,也真是让人看不懂。道理其实很简单,受害人没有办法抹平伤痛,你这个始作俑者又有什么资格谈重生呢?一个心智健全的成年人,就该知道婚内出轨是错误的,既然承担不起高昂成本那就忠贞一点儿,既然无法保持忠贞那就做好被唾弃的准备,别又想放肆又想被宽容。

留心观察一下,其实怨怼全世界不给生路这种事,好像一直都在发生呢。

读中学时,有一个男生特别不安分,经常寻衅滋事。某次考试,他与优等生邻桌,想抄袭但优等生不给机会,于是便怀恨在心,放学后当场给优等生的脑袋开了瓢儿。这一板砖拍下去,案底就彻底留下来了。我还记得暴力男生的家长在走廊里哭诉:"要是留下案底孩子这辈子就完了,你们就不能给他一次机会吗?"

如果开瓢不疼,如果优等生的学业没有耽误,如果头皮上没留下一道疤,如果心理没有创伤,倒是考虑可以给他一次机会,否则,受害者凭什么要一边自己承担着过去式的伤痛,一边还要成全对方将来式的美满?

任何人的混沌,都可以被叫醒,但不该由他人的伤痛做警钟。

后来,任由暴力男家长如何哭号,优等生家长寸步不让,这事闹到最后,暴力男家长甚至都忘记了自己儿子被留案底的根本原因是他故意打伤了人,他们只记得一件事:因为对方的不宽容,他们的儿子才要留案底。

负责调解的人看不过去,驳斥暴力男家长:不想留案底,那当初就不要打人;既然把人打伤了,那肯定要付出代价的,你付不起这个代价就别打人啊!你觉得你儿子留了案底毁一生,人家还觉得坚持原则却被打会留下一辈子的阴影呢,这事儿说到底都是你儿子挑起来的,你有什么可抱怨的?你有那时间抱怨,不如多反省,为什么自己把儿子教成了这个样子!

我见着围观群众忍不住要鼓掌了,感到无比欣慰,真是人人心中都有一杆秤。

对的,我就是这样刻薄,我觉得没有任何一种明知故犯的错误是应该被原谅的。正是因为会原谅的人多了,肆无忌惮的人才越来越多,这个世界从来没有分配给任何一个人一次做浑蛋而不被追究责任的机会,但就因为原谅和宽容越来越不值钱,才让很多人默认了这种机会的存在,我们也才得以见到那些知错还犯的人,一次又一次请求获得重生的无耻嘴脸。

事实上,哪里有那么多年少轻狂呢?哪里有那么多少不经事呢?谁又没年少过?却不见人人轻狂。那些需要经历一次又一次无耻历练才能找到坦途的人,大多踩着他人的痛苦上位,他用别人的人生铺路,走错一步,轻飘飘一句对不起,便能博得浪子回头的美誉,可是,被伤害的人,怎么办呢?

我们不该保护坏人,而我们偏偏过度保护了坏人。坏人如果没有自己慢慢变好的意识,保护便是一种纵容,倒不如让他一直坏下去,让所有人防范,直到他被彻底驱逐,我觉得这样做,对所有人才公平。

所以,我觉得 A 君下半生就该过得不好,因为他明知出轨不对还要出轨;暴力男生的案底就该一直影响他,因为他明知抄袭打人不对还是如此有恃无恐。也许他们以后会变成人人唾弃且防范的边缘人,也许会幡然醒悟悔不当初一生惨淡,不管他们以何种姿态示人,都是他们应该承受的。这就是代价的重量!你当初那样选择,你如今就该这样活。宽容和原谅,应该只留给无意犯错的人。人人谨小慎微,恪守规则,这个世界才会越来越好。既然我们生而为人,那就好好做人吧。做任何事之前,先想想因果循环,掂量掂量自己能否承担得起,承担不了就别去触犯,触犯了烦请别寄希望于别人的心胸,路还不都是自己选的吗?在这个世界上,谁都不欠你一条回头路。

/疼惜无罪,但不能
只选立场不辨是非/

当父母的,若滥用私心,不仅会给无辜的孩子招黑,在旁人看来其实也特别可笑。在把自己的孩子想象得特别完美的时候,父母至少应考虑一下:自己的基因足够优秀吗?自己给予孩子的教育足够卓越吗?如果两样都不占,又是从哪里得出孩子特别完美的结论呢?

我在结婚之后一直处于恐育状态,很抗拒生小孩。其中原因,并非我受不了养育孩子的苦累,我只是担心自己变丑,不是形象上的丑,而是人性上的丑。是的,我就是被现实中那些当了爸妈就开始审美混乱、不辨是非的人恶心到了。尤其他们还总是神秘兮兮地说:"等你有了孩子就知道了!"说这话的人多了,搞得我一度误以为,不管是谁,只要做了爸妈,就肯定会变得没有节操和下限,这不是个人可以控制的。

有天我去逛商场,逛累了便坐在小广场的椅子上休息,旁边刚好有位妈妈正在哄小宝宝玩。那个小宝宝有两三岁的样子,长得白白胖胖,非常漂亮,我母性大发,便对着小宝宝笑了笑,结果,嘴角刚咧开,那小宝宝便飞起一脚,直接踹到我的裙子上,留下了一个看起来有点呆萌又有点让人无语的小脚印。

正常情况下,出了这种事儿,做家长的一定要批评一下孩子吧,至少要告诉他,这么做是不对的吧,但这位妈妈并没有这样做。她宠溺地抱起那个小宝宝,在他的小肉脸上亲了亲,貌似还觉得孩子特别机灵,毕竟都学会攻击人了嘛!过了很久她才想起我,看了看留在我裙子上的小脚印,轻描淡写地说了句:"没事儿,小孩嘛,都淘气,再说小孩儿的脚不脏!"

我被她抢了台词,不知如何应答,当下便愣在原地,瞠目结舌地看着她继续逗那个小宝宝开心,过了很久,还是觉得心里别扭,就弱弱地反驳了句:"小孩不懂事,大人得懂事啊,您也应该管管孩子,至少要告诉他这么做是不对的!"

那位妈妈立马不高兴了,转头看向我,脸拉得老长,又上下打量我一番,认定我是个没有生育经验的女人,遂因母亲身份加持优越感爆棚,并摆出一副"没生过孩子的女人非常幼稚,我懒得和你计较"的姿态,说:"你这个人啊,可真是不懂事,一看就是没有生过孩子的人,你说你这么大个人,干吗和小孩儿一般计较!"转头堆满笑容,对那个小宝宝说:"走,宝贝,咱去别的地儿待着!"

嘿!从始至终,我做错什么了?被小宝宝踢脏了裙子不说,还莫名被宝宝妈鄙视一番。至此,我倒是真的可怜那个小宝宝,呱呱坠地,初来乍到,犹如一张白纸,在一切都需要靠大人引导的时候,就这样活生生地被大人们带跑偏了,连想要做个懂礼貌的好孩子的机会都被无情剥夺了。

生活中，还有很多更过分的家长。有一次，我在公交车上遇见一个带宝宝的妈妈，她一直让小宝宝穿鞋站在座椅上，小宝宝忽然尿急，尿湿了座椅，那位妈妈不急不恼，慢悠悠地抱起孩子下了车；还有一次，我在肯德基里吃东西，眼见着一位妈妈在座椅上为自己的宝宝换尿不湿，并直接将换下来的脏尿不湿扔在桌子下；竟然还有一次，我见到一位妈妈直接在地铁里为自己的孩子把尿，有路人提醒她厕所就在不远处，却招致这位妈妈的不快，她觉得"我的孩子那么可爱、那么弱小，你们这些人好无情竟然会嫌弃他的尿"……

命运不济的孩子，总能摊上越长越丑的父母，在家庭的影响下越长越歪，一生回不了头。

有个小男孩，读小学的时候跟父母撒谎，骗钱去网吧打游戏，后来事发，被父母堵个正着。从此后，那个小男孩的父母逢人便散播这样的观点："网络真是害死人！"并以自家孩子为例："你看我家宝宝原本是多么听话的好孩子啊，就因为接触了网络，才变成现在这副不上进的样子！都怪网络！"

现在这个信息化社会，网络无处不在。接触网络的孩子多了去了，也没见所有的孩子都"学坏"了，人家孩子懂得利用网络来查学习资料，为何你家孩子就去打游戏呢？

这个男孩读初中后，背着父母和邻班女生早恋。老师因此把家长叫到学校谈话，还是那对父母，他们再次痛心疾首地挖出了孩子早恋的根因："都是电视剧害的！现在的电视剧不教人好，天天卿卿我我，孩子那么喜欢看，能不学坏吗？"

要这么一说，这个世界可太危险了！现在不光电视剧里有卿卿我我的镜头，电影里有，小说里有，歌曲里有，广告里有，就连动画片都越发成人化，加了好多感情戏呢，除非孩子耳聋目盲，要不然时时刻刻都要浸染在这样卿卿我我的环境中。不过，既然大家都身处同样的环境之中，为什么还有那么多没有早恋的孩子呢？

这对父母，从来没想过这样的问题，他们带着对外界的谴责和担忧，一路护送自己的孩子考高中、考大学、求职、结婚。当然，因为没有打下良好的基础，孩子越跑越偏总是在所难免，好在父母总是能及时找到各种客观理由为孩子开脱，他虽然活得很累，但活得理直气壮。

这个男孩考个上好高中的时候，父母说："都怪天气不好影响孩子发挥，都怪走后门的太多、作弊的不少，不过话又说回来，不走后门、不作弊即便考上好高中也未必能考上好大学。"一番开解之后，全家人总算自己说服了自己，心安度日。

三年后，这个男孩没能考上一所好大学，这时他的父母说："都怪招生名额太少，出题人难，监考老师太变态，班主任管理太差，科任老师教得不好。不过，考上好大学也未必能有出息。"全家人再次获得了心灵的安宁。

四年后，这个男孩从一所非常一般的大学毕业，就业市场惨淡，想找份好一点儿的工作很难。父母四处托关系未果，有亲友关心问起，便自己圆场："都怪领导太迂腐、太片面，只看学历不看能力；都怪我们家里没有背景、没有人脉，输在不可抗力上；都怪孩子长得不够好看，又生在一个看脸的世界。"他们获得了所谓的体面与解脱，又一次心安。

后来，这个男孩勉强找了份工作，待遇一般，发展前景一般。一段时间后，经人介绍认识了个女孩，谈了几个月恋爱，女孩看清这家人的真实面目，不想跳火坑，决意分手。这个已成人的男孩经过二十几年的耳濡目染，颇得爹妈真传，养成了凡事"主观不努力客观找原因"的脾性，他逢人便痛陈："现在的女孩子啊，太现实！太拜金！"旁人笑而不语，他爹妈也开始帮腔："我们儿子多优秀啊，是那个女孩子有问题！儿子啊你别伤心，你还能找到更好的！"

当然了，他不可能找到更好的，最后只能在自己的能力范围内，找到一个条件匹配的姑娘结婚。婚后生活，少不了自我感觉良好的公婆的掺和，越发鸡飞狗跳。这对荣升公婆的爹妈，一直认为自己的儿子是天下第一出色、天下第一帅，总觉得儿媳妇配不上自己的儿子，于是诸多挑剔。三番五次，家里三天一小吵，五天一大吵，儿媳妇凡受了委屈，这个男孩总会妈宝气质爆棚，说："我妈这辈子不容易，她是我妈，你得孝敬她！"

结果，婚后不过两年光景，妈宝男出轨了！媳妇掌握出轨证据，坚持要离婚。这对爹妈便开始为自己的儿子辩解："都是那个小狐狸精勾引的，我儿子不同意，架不住小姑娘往上扑啊！"甚至还会无耻地说："这证明我儿子有魅力！"但儿媳妇坚持要离婚，最终，婚姻以破裂收场。从此后，离婚的原因就从儿子出轨变成儿媳妇不够包容，这对爹妈逢人便埋怨："她太没有责任心了，说离就离！她太没有包容心了，就这点儿事就不能忍了！"

看到这里，是不是有一种似曾相识的感觉？大家赶紧来对号入座吧,就这种类型的父母,广泛存在于我们的生活之中甚至有可能就是明天的我们,从孩子出生到成家立业,父母一路护送,节操慢慢碎得连渣渣都不剩,是非观颠覆得离谱!试想,如果当了父母就要变成这副德行,我怎么可能不恐育?

孩子是父母的心头肉,疼惜无罪,但不能失了原则和底线,不能只选立场不辨是非。不能因为做了父母,就把天底下的人自动分为"我的孩子"和"草芥"两大阵营,更不能因为你自己觉得孩子可爱,就要求所有人都去宝贝、包容自己的孩子。

当父母的,若滥用私心,不仅会给无辜的孩子招黑,在旁人看来其实也特别可笑。在把自己的孩子想象得特别完美的时候,父母至少应考虑一下:自己的基因足够优秀吗?自己给予孩子的教育足够卓越吗?如果两样都不占,又是从哪里得出孩子特别完美的结论呢?

这是很多父母都会犯的错误,他们之所以会觉得自己的孩子特别好,只是因为"那是我自己生的孩子"。有了这种不客观的想法之后,孩子在成长途中所呈现的种种不好,便都可以推卸给外界:学坏怪网络,早恋怪电视剧,考不好怪老师,失业怪公司不识才,失恋怪对方太势力,出轨怪有人勾引……你去食堂打包子,师傅给你十个,你都吃了,结果吃撑了,你不怪自己没有节制力,反而去怪师傅给你太多,不觉得荒诞吗?

当父母要有当父母的分寸,爱孩子也要选择正确的方式,你怎么看怎么喜欢的那个小天使,一不小心就会在你的错爱中变成人见人嫌的大恶魔,这个世界没有那个义务,辟出一块真空地带供您孩子为所欲为,想要外界不对孩子造成一点影响,除非你带孩子隐居深山老林中，但话又说回来，不管外界多么荒乱，只要孩子内在构筑结实，他必出淤泥而不染。所以，一旦孩子偏离轨道，别去怪罪任何人、任何事，说到底，那都是父母不舍得教育的结果。要想让您孩子的本质配得上您的迷恋，管教很重要。而不切实际地强行美化自己的孩子，和母爱伟大、父爱如山一丁点儿关系都没有，盲目又浮夸，在别人看来，真的特别无知、特别可笑。

/ 爱情充满风险，
我们要活得洒脱点 /

爱情总是充满风险的，有圆满的结局，自然也会有不堪的结果。他要走，你不必强留；他要带着过往走，你松松手让他都带走。

那天，我见刘佳更新了一条朋友圈："没有最渣，只有更渣，要算，咱们就一笔一笔算清楚！"言毕还配发几个发怒和心碎的表情，看起来触目惊心。用脚指头想想都知道，一定是她那个浑身散发着奇葩气息的男朋友又开始闹腾了。果不其然啊，在接下来的几天里，刘佳频繁更新朋友圈，看得出情绪越来越糟。我见事态不对，一个电话打过去，刚问了句"亲爱的，你最近怎么了"，那边停顿片刻，便传来一阵号啕大哭。

"我们分手了！"

那不错啊，我心里这样想，但嘴上说的是："处得好好的为啥要分手啊？"

电话那端的刘佳拧了拧大鼻涕，讲述了事情的原委。原来，她那个相处了三年的男朋友在本该谈婚论嫁的关口坦诚，他父母一直都不认可刘佳，只因她出自单亲家庭。那一开始就不同意咋不早说呢？结果那厮把"好歹留一个在身边保本兼做退路"巧妙地解释为"原本希望能用诚意打动父母但最终百善孝为先"。

这世上总是有那么多自以为是的男人，自认为生下来便高人一等，思维永远保持单向，连地球都是以他为圆心、以他的视线为半径画的圆，也不管自己有多挫，就是觉得有挑剔别人的资格，且别人还没有拒绝和反驳的权利，总是这么自信，无视别人。

好吧，分手就分手吧，好聚好散。令人万万没想到的是，那男人往刘佳心口扎完一刀后，还想要点劳务费，他要讨回这些年和刘佳相处时所付出的经济成本。

分手后一周，该男约刘佳见面，在巷子口的一家苍蝇馆子里，那男人双肘拄在油腻腻的桌子上，两只手捧住自己的大脸，就好像两片枯萎的叶子托住一个大烂桃一样，面无表情，一顿饭一顿饭算起，一件衣服一件衣服算起，一个包包一个包包算起，最终算得刘佳需要偿还他四万元人民币。

彼时的刘佳，身心还沉浸在失恋的痛苦里，闻听昔日亲密爱人已经把注意力转移到弥补成本上来，这杀伤力毫不逊色于往伤口上撒盐。刘佳被这一道大霹雳震得思维脱线，三观在不停地颠覆中，所有的气愤、委屈全都窝在心口，她看着对面那张冷漠的脸，已经没有力气反驳了。

刘佳问我该怎么办,我想想,随口说:"给他啊,钱不够我借你啊!但是还现金太没意思,还侮辱人,咱得换个贴心的方式!"

当天下午,我去了刘佳的住处,帮她整理这些年男人送她的所有东西。大到一条项链,小到一个发卡,至于那些用完即扔的消耗品,凡是那男人埋单的,我让刘佳细细回想,统统买来,最终我们装了整整四大行李箱、两大手拎袋,叫上一辆面包车,直接开向男人的家里。

你说还钱就还钱?搞笑,刘佳又没收你现金!敢情你是零售行业的二批啊,还要钱?你这是从厂家进货仕刘佳这里兜售吗?

见到这种场面,男人整个人是蒙掉的。现场有大大小小的玩偶若干只,各种型号的卫生巾若干包,各种款式的包包若干个,各个季节的衣裙若干件以及将近一千块钱的汉堡薯条等。末了,我代表刘佳塞给他两千块钱,顺便提醒他:"这些年呢,你确实为刘佳花了不少钱,你送的东西都在这儿,有空自己清点;我们刘佳呢,也为你花了不少钱,但我们可懒得追究,另外再给你两千,免得遗漏了什么,不能让你吃亏。"

说完,我便拉着刘佳离开了。我没看到男人脸上的表情,我担心听到他更奇葩的言论,可能会忍不住揍他,到时就不好收场了。毕竟他能花几年时间碰这么大的瓷儿,讹上我也是分分钟的事。

刘佳哭了一路,最后拥抱了我。

回家翻翻微博,才发现,刘佳的恋爱也不算一场奇遇,现现在有越来越多的男人，无论因什么理由分手，都想讨回交往成本。给过大笔现金的想要追讨，还在情理之中，就那些吃过几顿饭还要算算亏本额的人，确实令人侧目。有很多女孩咨询，分手了男友要回首饰、要求补偿恋爱经费是不是很过分，我给她们的回答都是：只要他真的送过、花过，你就统统还给他。

不然呢，难道留着过年？日日睹物思人提醒自己曾和他携手憧憬美好未来，你真的不嫌恶心吗？还给他们，你最多恼一恼；但对于那些处对象的终极目的就是找一个女人和自己配对、婚后给他们全家当牛做马传宗接代的男人来说，他白付出了他会心疼死的，你"私吞"的，可是他哄骗下一个女孩的资本啊！多么重大！

还有一些女孩，她们不想还回去只是单纯地觉得自己本就吃亏，没找他索要青春损失费已算仁至义尽，凭什么他什么都不付出就能让一个女孩用几年青春来陪伴？对于此类，我想说，你的青春可比那点东西值钱多了，这种男人事后还指不定怎么诋毁你呢，真心犯不上，况且那些破玩意儿，留在谁手里就是谁的耻辱。

那如果他不觉得耻辱呢？那就更好了，大抵他会因此觉得恋爱就是这样一个有退路、有余地、有商量、有计较的过程，从此后他对任何人都是如此，而阴暗一点儿说，你找他理论、掰扯是非其实就是一个矫正他三观的过程，他无情在先，你何必费那个心力让他变得更好？

所以，他要走，你不必强留；他要带着过往走，你松松手让他都带走。但凡他承认你的付出、珍惜你们的感情，他都不会一笔账一笔账记得那么清楚,遇上这样的人,毫无瓜葛是你的大幸。是的,我知道你也请他吃过饭、给他买过衣、送过他礼物,但你真不必觉得不公,一条狗陪伴你三年,你要不要喂它狗粮?要不要给它美容?要不要给它除虫?要不要给它买个飞盘啥的哄它开心?要不要搭上无数根骨头?狗都如此,何况是个人。爱情总是充满风险的,有圆满的结局,自然也会有不堪的结果,咱就活得洒脱点,只当为自己的选择埋单了。

/在人际交往中,
人人都有美化自己的倾向/

己所不欲勿施于人的道理,很多人都懂,但很多人都揣着明白装糊涂。

五年前,一大碗热油彻底改变了小言的命运走向。那是一次年终岁尾的家庭聚会,临近午饭时间,族中女性都在厨房里热火朝天地忙活,族中男性都窝在屋里抽烟喝酒吹牛,一群无人看管的熊孩子就像脱了缰的驴一样挨屋乱窜、疯跑打闹。彼时,小言的二姨刚炸完一盘黄花鱼,便把剩下的热油倒进碗里放在锅台上。那群熊孩子循着香味找过来,嚷嚷着要吃黄花鱼,被小言的二姨以"开饭以后大家一起吃"为由阻止。结果,其中一个熊孩子不高兴了,一甩手便抡翻了那碗热油。蹲在灶坑前帮二姨填火的小言躲闪不及,被那碗热油从脖子一直淋到小腹上。

这次事故彻彻底底地改变了小言的命运。因伤势严重，疗程漫长，小言没能参加当年的高考，第二年复考失利，只勉强考上一所大专院校；在治疗过程中，小言前后做过几次手术，受了很多苦，最后虽然勉强将脖子和下颌分离，但至今仍影响正常转动；热油滚过之处留下一条难看的疤痕，增生时痛痒难忍，而长期地治疗也改变了小言的容貌。小言勉强毕业后，因为形象问题找工作处处受阻，向往婚姻生活、喜欢小孩的她谈恋爱极其不顺，最终结婚时已经35岁，且无论从哪方面来看，对方条件都与她极不匹配。

而那个始作俑者呢？在小言为他的没教养含恨埋单的时候，他继续健康快乐、肆无忌惮地成长着，按部就班地考学、工作、成家，多年后回想自己儿时劣迹，连点作孽的愧疚都没有，甚至已经模糊了事情经过，只隐约记得自己好像失手烫伤过一个姐姐。

但这并不是最令人感到心寒的事情。事发后，熊孩子家长只带着水果点心去医院看过小言一次，未正式道歉，也未提及赔偿事宜。通常情况下，事情到了这个地步，两家人最该做的，难道不是聚到一起谈谈民事赔偿，想尽一切办法将受害者小言所承受的负面影响降到最小吗？而当时在场的那些亲戚们更是令人无语，没有一个人站出来主持公道，这便也罢了。正常情况下，到了这个时候，局外的亲戚们愿意提供帮助便提供帮助，无力帮忙便多多照顾，不想掺和其中也可远远观望，但该由他们做的事情他们一件都没做，反倒站在中间人的立场上说和，站在施暴者的角度来向浑身缠满了纱布的小言、倾家荡产为女儿治病的小言爸妈宣扬大爱无疆。他们一再劝解小言和家人"孩子还小不懂事,你们别计较也别记恨",因为"大家都是一脉相承的亲戚啊,以后还是要来往的,抬头不见低头见,弄得太僵不好看"。他们握着小言父母的手,发自肺腑地说:"孩子变成这样,谁都不想的,可是又能怎么办呢?他们家条件不好,你能逼死他们一家吗?"他们还在小言面前掉了几滴不忍和难过的眼泪,说:"唉,言言这得遭多少罪啊!可是,小宝还小,他也不是有意的,这几天一直被他妈妈打,天天哭,咱跟他一个孩子计较什么呢?"

最后,他们得到了满意的结果。隔三岔五聚在一起,提起小言最多唏嘘几句:"这孩子,命不好啊。"

事后一切一如既往,除了被这场人为灾难洗礼的那个家庭。那个叫小宝的孩子和他爸妈因为没有为此事付出任何代价,只心惊胆战几天后便如释重负;那些满口仁义道德的亲戚们则从中获得了人生中最大的成就感,因为他们通过释放"高尚情操",实施道德绑架,调和了可能会使一个家族分崩离析的危机事件,他们没浪费一分一毛,但收获了空前的存在感,既彰显了自己的高尚,又收获了施暴者一家的依赖和感激。

但他们真的有那么高尚吗?当然不是,一切皆因那碗热油没有滚在他们或者他们孩子的身上而已。很多人之所以喜欢借由别人的灾难高估自己的情操,是因为灾难没有降临到他们身上,他们不知其中滋味。上嘴唇碰碰下嘴唇就能彰显自己气度的事情,谁不愿意做呢?

同事雅瑶结婚后,每次回家探亲,不管是娘家还是婆家,总有那么一群人教导她要善待婆婆，更有一群人一再让雅瑶把婆婆接到身边好好孝敬。他们常说，"你婆婆这辈子不容易啊，你可要好好待她""你要像对待亲妈一样对待你婆婆呀"……那些婆家亲戚，更是过分，常对婆婆说"你没事就去儿子家住吧，享享清福""和儿子儿媳在一起多好"……

后来，雅瑶的婆婆果真搬来与雅瑶同住。但凡有点儿常识的人都知道，没有特殊情况时，婆媳最好不要同在一个屋檐下，否则很容易闹出矛盾，反倒影响婆媳情分，严重的，则影响婚姻稳定。那些满嘴仁义道德的亲戚各个都是过来人，真的不懂这个道理吗？当然懂。那为什么还要煽风点火呢？那是因为，最后所有的鸡飞狗跳跟他们都没有关系，他们只想借此彰显自己多么有情有义。

很多人，一辈子最有情义的时刻，就是劝别人要讲情义的时候。

最令人感到讽刺的是，在这些亲戚中，没有一个人与自己的婆婆同住，有一位一直劝婆婆与雅瑶同住的小辈亲戚，结婚后考虑的第一件事，就是等到婆婆身体不好需要他们照顾时或者他们生娃需要婆婆帮忙时，如何才能不与婆婆同在一个屋檐下。

己所不欲勿施于人的道理，很多人都懂，但很多人都揣着明白装糊涂。在人际交往中，人人都有美化自己的倾向，这点无可厚非，但正确的方式应该是，实实在在地付出代价，感同身受其中的酸甜苦辣，通过自己的伤疤去美化自己、抬高自己，而不该在别人的伤口上、生活里释放所谓的道德和情操。

事实就是这样，你既那么通情达理，不妨先用一碗热油烫伤自己，经历几次手术和复健之苦，经历容貌毁坏、学业失败、婚姻不幸之痛，你再跳出来说"要原谅，不计较"，那是真大度；你什么都没有经历，什么都没有感受，却轻飘飘说出"要原谅，不计较"，那叫真无耻。

你既那么贤惠、善良，不妨先把自己的公婆接到家里孝敬，忍受性格差异、生活差异、习惯差异带来的摩擦，忍受公婆的某些无理要求，忍受婆婆把自己曾受过的苦强加到你身上的奇葩逻辑，你再温婉地说出"婆婆这辈子不容易，要好好孝敬"，那是真善良；你什么都没有经历，自己也拒绝经历，却大刺刺地说出"要住一起，要孝顺"，那叫真虚伪。

自己做得好的，从不会施压于人；只有那些自己做不到的，才需要闯入别人的际遇中把自己变成闪光的榜样。越是年长，经历越多，我越发现，很多人的好口碑，并不是实实在在做出来的，而是虚头巴脑说出来的。你以为那些整日劝别人要宽容的人是真大度吗？你以为那些整日教导别人要孝敬公婆的人是真孝道吗？你以为那些整日标榜自己没心眼儿的人是真赤诚吗？

这些人里，很多只是想向旁人传达自己具有所谓理想型人格的信息而已，然后以此获取他人的暗许和认同。就像雅瑶的那位新婚亲戚一样，她满口礼仪孝道，其实只是为了让别人相信：她既然能这样要求别人，自然她也是能达到这般要求的人。至于事实如何，谁又关心呢，大家聚在一起谈论别人是非，拼的不就是一个自己的底细不被旁人掌握吗？

但际遇呢，向来不饶人，保不齐你前脚刚演完伟大，后脚便有人来验证真假。一碗热油滚过，一切真相水落石出，一切虚伪面目彻底败露，到那时，你曾唱过的高调，都将变成压迫你的颂歌，你尽可以一边承受痛苦，一边告诉自己别哭，身体力行地做个称职的榜样和楷模，届时，全世界都会为你鼓掌和欢呼。

就算无路可走，有些人也万万求不得

我们永远感恩别人给予我们一颗糖，这是我们终生都要修炼的品性，但把发糖的姿态搞得那么难看和强硬，讲真也并不是多么高尚的事。

与人相处越多，越容易发现这样一个真相：即便你已走到无路可走的境地，有些人，也万万求不得。因为他帮你，并非真心；缺乏真心，就不会尽力；不会尽力，就会越帮越忙；你求人在先要懂得感恩，绝不能心生质疑；你忍不住质疑，他就会跳到道德制高点上扬言"好心帮忙别恩将仇报"；你想好好和他商量一番做事的方法，换一个皆大欢喜的结局，他就会说"哎呀呀，我是来帮忙的，可不是来听你差遣的"。如此下去，最后的结果就是：你欠了他一份天大的人情，却不得不自己收拾一个天大的烂摊子。

是的，所有人都在强调做人要懂得感恩，别陷入"给一颗糖不给第二颗"就心生怨怼的人性旋涡；却从来没有人说，助人也要把握分寸，别露出"我是发糖使者我最大"的丑陋嘴脸。

对此，小秋深有感触。

小秋去年晋级做了妈妈，生了个白白胖胖的男宝宝。她婆婆本就重男轻女，这个大胖孙子算是砸到她的心坎儿里去了。出院当天，婆婆欢天喜地地宣布，小秋的月子由她来伺候，她一定会好好照顾小秋母子的。

但事实呢，婆婆的本意是想和小宝宝朝夕相处，她想照顾的，其实只是她的大孙子而已。出院回家后，婆婆整日守着宝宝眉开眼笑，常许小秋一日五餐都保证不了，即便做了月子餐，也完全不顾及小秋的身体情况，只把她当作一头奶牛来喂养。小秋老公平日里工作比较忙，再加上儿子对于亲妈天下第一和善的固化认识，每次小秋稍有抱怨，他便认定是小秋过于敏感，一再让小秋自己调整心态。不得已，小秋提出要请月嫂，却被婆婆以外人住进来不方便为由拒绝，还总是信誓旦旦地强调自己忙得过来。因为婆婆的不尽心，小秋的月子坐得非常不顺利，后来实在忍不住，才不顾婆婆脸色把自己亲妈调来帮忙。

出了月子后，小秋因为休整得不好，身体频频出问题。每每腰酸背痛到难以忍受的时候，小秋难免流露埋怨之色，婆婆便很不高兴，时常用言语敲打小秋，最常用的句式就是："我这么大岁数来伺候月子，照顾你们母子，我容易吗？你别不知足。"

后来，每逢亲戚们聚在一起，婆婆都声称小秋的月子是她伺候的，没白没黑特别辛苦；于是，一众亲戚都替婆婆向小秋讨要人情:"你婆婆对你真好,以后可要好好孝敬她噢!"每每此时,小秋便被噎得哑口无言。如果她客观地道出事实真相,这群人肯定又会说:"你婆婆能来帮你,就算不错了,别人的婆婆根本什么都不管的,你要领情啊。"

产假休完后,小秋返回公司上班。关于宝宝由谁来带的问题,一家人产生争执。因为有了前车之鉴,小秋想让自己妈妈带孩子,但婆婆坚决不同意,甚至以死相逼,扬言不让她带孩子,就等于嫌弃她。

无奈,小秋只得把宝宝交给婆婆来带。只不过几天工夫,小秋就发现由着婆婆真是一件大错特错的事,经过坐月子这件事,她早就该看透婆婆不是一个可托付、好商量的人。婆婆虽然真心喜欢宝宝,但她带宝宝的方式还停留在几十年前。她试温时会直接吮吸奶嘴,宝宝发烧时她只知道用酒精搓脚心,平时坚决不给宝宝用纸尿裤,一时兴起便用力摇晃宝宝的头和身体……事关宝宝的健康,小秋实在忍不了,便向婆婆提出建议:科学育儿。

这一次,小秋老公选择站在小秋这边,婆婆为此非常崩溃,矛盾升级,变成话语权的争夺与所有权的站队,她粗暴地拒绝了小秋,声称"既然孩子由我来带,你们就得听我的,别那么多事儿,我天天受累,难不成还累出不是了",小秋和婆婆理论几句,于是,连"忘恩负义""白眼狼"这样的词汇都被抛出来了。

但这次,小秋没有让步,她直接把孩子送到自己妈妈家里,妈妈也有自己带孩子的套路,但她好说话,体谅女儿,愿意听从小秋的安排,完全按照小秋的要求来带孩子。婆婆原本觉得小秋分身乏术拿自己没有办法才如此嚣张,这下顿时傻了眼,几天后便收拾行李离开了。这次回到老家,婆婆也不顾体面,到处散播对小秋不利的言论,以至于小秋回到老家后,一众亲戚都对她很淡漠,所有人都觉得小秋是个忘恩负义、不懂感恩的人。

小秋真是有苦说不出,她不可能和亲戚们申辩婆婆以帮忙之名行添乱之实,她从来都没有怀疑过婆婆是为了宝宝好,她对婆婆也很感激,但心存感激并不意味着婆婆从此就可以站到道德制高点上,一点儿错都没有,一点儿质疑都不能承受。

小秋说:"婆婆帮我,我会感激、会报答;但婆婆要因此吃定我,难道我就得任由她胡来,还不能反抗了吗?"

因为这件事,小秋明白一个道理:在有些人眼里,伸手求助若不能做到顺从,就相当于对着他们的"好心"伸出了拳头。你不求他的时候,最糟糕的情况是走投无路,你真去求了他,他不但不会给你出路,还会把你带上歧途,并处处以领路人的态度自居,你若试图和他讨论一下前行的方向,他便在你头顶上悬上一把叫作"感恩"的剑,时时刻刻提醒你:我帮了你,我就是你的天,你必须无条件服从我、敬仰我。

去年,同事阿雅装修新房,中途她要出差一个月,家里的一切事宜就没有人看管了,她又不想因为这件事让爸妈千里迢迢地赶过来。那日,阿雅在群里聊到此事,刚好被她的一位同学听到,彼时那位同学刚刚辞职,没什么事,就主动请缨,表示愿意帮阿雅去照看施工进程。

阿雅心里特别感激，燃眉之急得以缓解，她便放心地登上了南下的飞机。其间，阿雅几乎天天询问那位同学，在装修过程中是否有什么问题需要解决，但每一次，那位同学都说："放心，都是按照设计图纸来做的，没什么大事，特别顺利！"

一个月后，阿雅满心期待地推开了新屋的房门，仔细转了一圈以后，心情跌至谷底。卫生间的瓷砖贴得有点歪，美缝处理做得不好，地板有明显的色差，这些也就算了，最要命的是，卧室的壁纸根本不是当初选的那个颜色。

那几天，阿雅特别窝心。她纠结着要不要给她的同学打个电话问问，为什么更换了卧室的壁纸。但她又觉得这样做并不合适，会让彼此都很尴尬，毕竟当初在她有困难的时候，是同学主动提出帮忙的，这本就是一份很大的恩情了，打电话过去问，总有点不知感恩的意味。

阿雅挺了一周，怎么想怎么别扭，最终没忍住，拨通了那位同学的号码。电话接通后，阿雅调动所有脑细胞，找了一些最温柔的词汇、用了最真诚友好的态度，再三掂量后，她战战兢兢地问出"亲爱的，卧室的壁纸颜色怎么变了呀"，电话那边的同学态度瞬间强硬起来，说道："哎呀，你不提这件事还好，一提我就一肚子火。你找的什么装修公司，壁纸竟然还能缺货，那师傅说，他马上就要去干另一个活儿，等不了，非要我定，于是我就选了和原先那个差不多的，才把这件事解决了。"

阿雅一愣，面对这个漏洞百出的答复，忽然不知道说什么好。她调整了自己的呼吸，用了比刚才温柔十倍的语气问："亲爱的，那你有给我打电话吗？是不是我手机没电了所以没有听到啊？"

那同学语气中有越来越多的不满："我没有打电话，给你打电话也是这样的结果，师傅又很着急，以我对你的了解，我选了好多才定下这个。怎么？你是嫌弃我给你选的颜色不好看吗？"

被同学这样一问，阿雅顿时好心惊，感觉自己距离忘恩负义的小人只有一步之遥："不是不是，我就是觉得……觉得有点意外，挺好看的，谢谢你噢！周末请你吃饭好不好？"

好看才怪啊！撂下电话，阿雅恼火极了，自己怎么都想不通，本想打电话向朋友倾诉一番，可又害怕朋友也觉得她是个挑剔的人，人家会说："你工作忙，没时间照管，你同学主动帮忙，天天来给你看房子，人家这样帮你，你却连换了一个壁纸的颜色都接受不了，你好难搞噢，我跟你讲，这就是好朋友，不然谁会来管理装修这样的烂摊子！"

角色扮演完毕，阿雅把自己说服了，她决定努力接受这个她极其讨厌的颜色，一张壁纸嘛，看着看着也许就顺眼了。只是，她发誓，等找机会还上这份人情后，以后不管怎样，她都不打算和这个同学再有一丝事务上的牵扯。

我在做编辑的时候，也遇上过这样的事。那时候，稿件很多，我们看不过来，便挑一些质量好的，发给外编看。外编都有自己的专职工作，看稿只是副业，又因为外编的编校费不算高，很多时候，我们都觉得人家一无生计压力，二无工作需求，肯接其实是有帮忙的情分在的，所以也不太敢提过高的要求，能改一处算一处，不管怎样，都是帮我们分担工作压力了啊。但一来二去，我们慢慢发现，事情绝不是我们想象的那样。

记得有一次，我收到外编回寄的稿件，大体翻了一下，四百多页的稿件，外编改不过几十处，且大多数都改错了，我不得不一处一处找出来，再改回去。因为进度要求，这本稿件的初审只能草草结束，在二审、三审阶段，这本稿子几乎从零开始，被改得惨不忍睹。结果就是，外编拿着最多的报酬，干最少的活儿，不承担一丁点儿责任；二审、三审编辑拿着最少的报酬，干最多的活儿，承担全部责任。我有心写了满满两页纸的审稿注意事项发给外编，原想大家也算是个团队，可以一起进步以后把书稿做得更好。结果，那位外编连看都没看，直接回复了句："你的要求太高了，别忘了编校费只有那么一丢丢！"

那一瞬间，有很多在理但难听的话堵在我的喉头，我想说：编校费的标准是透明的，你是认可的，没有人逼迫你，你不满意可以不接；你既然接了就该尽全力做到最好，编校费不高是从多方面考虑的，比如你不必承担质检责任，你不必改到非常完善，你不必和作者沟通修改事宜，但绝不是意味着你可以糊弄。别说我还要支付编校费，即便是免费的，你既接了，难道就不该尽力做好吗？难道就可以高高在上地说："嘿，你要搞清楚我是在帮你噢，我开心怎么改就怎么改噢，不准你质疑！"

从此后我没有再和这位外编联系过，哪怕我手里的稿件堆积成山，我宁愿自己披星戴月像愚公一样一页纸一页纸地处理，也不敢再劳他大驾。

　　这些年来，我也常受人所托，为别人提供些许帮助，但我从来都找不到帮助别人的优越感，反而战战兢兢、小心翼翼，特别害怕辜负别人的信任，因为我很清楚，我愿意帮助他，不是为了寻找高高在上的存在感，而是助他达成自己的目的，我不居主导地位。我觉得对方信任我，跑过来拜托我，我答应了，便是参与者之一，那我们就应该一起把这件事情做好，那时候，谁求谁已不重要。至于对方是否感恩，那是另一个议题。其间，我们有共同的方向，对方提出自己的建议，是为了让这件事朝更好的方向发展，获得一个有利的结局，绝不是不尊重、不感恩。毕竟，人家求你帮忙是为了找一个辅佐他的同路人，并不是为了请一尊佛回来供着啊。

　　如果小秋的婆婆肯打开耳朵、放下身段，和小秋一起商量如何更好地照顾宝宝；如果阿雅的同学从一开始就摆正自己的位置，分得清主次，事事与阿雅沟通；如果我的那位外编能够理清矛盾，一码算一码，尽职尽责，可能彼此之间的关系反而更简单。人和人相处，谁都有为难的时候，帮不帮未必见人心，但怎么帮绝对见人品。我们永远感恩别人给予我们一颗糖，这是我们终生都要修炼的品性，但把发糖的姿态搞得那么难看和强硬，讲真也并不是多么高尚的事，任何人都没有必要，在向别人提供帮助的时候，秒变无可撼动的权威，这是对他人的温柔，也是对自己的慈悲。

/聊天聊到死角
是一种什么感受/

> 喜欢问一些无解问题的人,要么就是真的天真,就像喜欢问为什么的小孩子;要么就是真的残忍,她享受见你自己拆台的窘迫,乐得见你在围追堵截中顾头不顾尾的狼狈。

曾和朋友们在一起探讨过"别人说哪句话最让你反感"这个话题,其中,"你不是说……"句式得票最多。坦白讲,这也是我最讨厌的句式,没有之一。尤其是在心情不好的时候,如果听到有人跟我说"你不是说……",更觉此人的质疑不怀好意,分分钟孚毛。

在我读大学以前,我一直留短发,从不穿裙子,这是我从小养成的审美和习惯。以我当时的眼界来看,我可能永远不会颠覆这个造型。很早以前,我和我的同学说过:"我这辈子可能都不会留长发、穿裙子。"

后来,我上了大学。大学是一座"整容医院",每个女生都在变美。平日里,我和朋友们一起上街,她们最大的烦恼是和女生撞衫,而我最大的乐趣是和男生撞衫。每次,大家就会劝我,你换一换造型吧,你都没有留过长发、没穿过裙子,怎么就知道一定不好看呢?你应该简单收拾下自己,至少看起来别那么雌雄难辨才对得起这个美好的世界啊。

大概是随着年龄的增长,或者是眼界的开阔,抑或是我的审美发生了变化,还有可能是受大家的影响,我忽然就不那么抗拒长发和裙子了。慢慢地,我也试着扎起了马尾,穿上了裙子,我发现那种感觉没有大家说得那么好,但也没我自己想象得那么差,只是我可以接受的服装类型而已。有一天,我在大街上偶遇我的高中同学,留起长发、穿上裙子的我,于她而言无异于脱胎换骨,她张大了嘴巴,露出一副惊恐的神情,盯了我好久,说:"你的变化好大啊!"

我不好意思地说:"我同学都说还不错,我就尝试了下。"

她上下打量我一番,忽然问了句:"你不是说,你这辈子都不会留长发、穿裙子吗?"

隔了这么多年,除了漏掉"可能"那俩字,其余的她记得还是很清晰的嘛,我……

我本来想解释下,我那时候年少无知,眼界太窄,说话太满,我当时只有十几岁,还不是很懂事,随着环境的改变,年龄的增长,人都是会变的。但转念一想,这样解释起来,太麻烦且也没有必要,于是索性告诉她:"我一向说话不算话。"

我这么赖皮完全出乎她的意料,这也不是她想要的回答,于是,她悻悻地干笑了几声,找了个借口和我道别。真可谓,几年情谊一朝毁。

同事小文通过相亲认识个男生,见了第一面之后,两人一直淡淡地往来。有另外一个同事问她有没有发展的可能,小文一半因为羞涩,一半因为对未来不确定,便回答道:"谁知道呢,就当是个普通朋友,先相处看看吧!"

我真不觉得这句话有什么问题。

小文和那个男生相处了半年多,后来那男生无声无息地断了往来。小文为此特别伤心,经常表现得非常伤感。还是那个同事,硬邦邦地甩过来一句:"你有什么可难受的,你不是说,你只当个普通朋友相处吗?"

没错,小文是说过这样的话,在两人还只是陌生人的时候,但半年时间过去了,在相处的过程中产生了一丝感情总是可以的吧?因此在分开之后感到特别难受也是情理之中的吧?这个时候,不给一句安慰就算了,还要用此一时彼一时的旧话来上演围追堵截这一出,这得是多大的仇多大的怨哪!

我也有个这样的旧同事,她是一个活得特别纠结的人,特别喜欢用"你不是说"这个句式。

我说:"我不是很喜欢吃肉。"但有一天,我在饭店里点了一盘板栗红烧肉。菜端上来,我刚伸出筷子,她便来了句:"你不是说,你不爱吃肉吗?"

我该怎么回答?我说:"你天天都跟我说,你不爱上班,你还不是天天来?"

她无助地看着我,面对我的尖酸无言以对,完全忘记了刚才是谁率先营造了这种针锋相对的气氛。

在与她相处的两年时间里,我觉得特别累。她是个把闲聊当作改错题来做的人,吸引她的从来不是言语间的信息,而是我留下了哪些可以深挖的漏洞。

我说"我不是很喜欢穿颜色鲜艳的衣服",某天我穿了件红色大衣来,她一定会问"你不是说,你不喜欢穿颜色鲜艳的衣服吗";我说"我不太喜欢大多数的本地人",她问"那你以后会离开这里吗",我说"应该不会",她紧跟着问了句"可你不是说,你不喜欢本地人吗"。

诸如此类,不胜枚举。

在与人交谈时,只要你忽略限制词,只要你放弃推理和思考能力,只要你始终保持一个谈话方向,只要你始终抓住单向逻辑,很容易就把对方逼近死角,无论对方是谁。

只是,这样做的意义在哪儿?难道看到对方被你问到瞠目结舌,很有快感?

我们想要让谈话愉快地进行下去,那么,在你提问题的时候,你至少要知道你提的这个问题是有答案的。就好像我说我不喜欢穿颜色鲜艳的衣服,但有一天我穿了,又能代表什么呢?你这时候揪住我说过的话不放,一再追问我"为何又穿了自己不喜欢的颜色",你想让我做何回答?这个问题有解吗?

我曾就这个问题和我的那位同事谈过,结果她反过来问我:"那你明知道那么说有问题,为什么还要说那样的话?"

我表示无言以对。我想说,在不那么官方的场合,人都会卸下防备,用轻松的方式交谈;每一句话都代表当时的立场,但外因和内因都会慢慢改变,我以为我们至少有这样的默契会彼此理解；我也用了很多限制词，给自己留了余地；我口语表达能力确实很差，但中国汉字博大精深……

但我什么都没说，因为我觉得纠结于这个问题非常可笑和无聊，以后对她闭紧嘴巴是最有效的解决途径。

我一直觉得，喜欢问一些无解问题的人，要么就是真的天真，就像喜欢问为什么的小孩子；要么就是真的残忍，她享受见你自己拆台的窘迫，乐得见你在围追堵截中顾头不顾尾的狼狈。

每当我的这位同事用"你不是说……"这个句式来逼问我的时候，我都有这样一种感觉：就好像我说过的每一句话，都是对她的承诺。天地之间万事万物，都必须以她的认知为标准，对她负责。如若做不到前后呼应，在她看来，其实是一种背叛。

所以，在说出那句"你不是说"的时候，她是充满恶意的。她就是特别想看看你自己救不了自己的慌乱，因为她觉得她打了你的脸，丢的是你自己的人。

那位旧同事后来换了新工作，我们已不再有联系。还记得我们初相识时，她跟我说："我非常喜欢这份工作，想在这里多留几年。"结果呢，她很快就辞职了。走的时候，按照她的路数，我至少应该问一句："你不是说，你打算在这里多留几年吗？为什么辞职了？"

但我没问，我说的是："那希望你以后越来越好！"

我不是她的人生监督者，她所有的决定都是自己的选择，不是对我的承诺，无须对我负责，我也没有那么多兴致去挖一个决定背后的故事以及许多不可说的原因。伸手去拆别人的逻辑，享受对方一时语塞带来的快感，那得是多孤单缺爱的人才会有那份闲心啊，人家只是对自己的人生出尔反尔，还真不需要你站在监督者的高地心怀优越感地指摘，下次再有人说"你不是说……"你大可淡定地看着她，说："是啊，我说过，那又怎样？"

然后，尴尬的人，就肯定不是你了。

一直觉得，闲聊是一种很有难度的交流，要考量两个人的默契，双方能通过可聊的事了解到不可聊的事，能通过言明的点洞察到未言明的点，两个人才能轻松、愉快地聊下去。处处追究所以然和首尾呼应，只会给人无限难堪，且也得不到真相。在与人交往中，当你需要拼思维缜密、滴水不漏的时候，那么站在你对面的那个人，就只会是你的陌路人，无一例外。

还记得我从前一直留短发、不穿裙子，我那时以为我一直都会是这样。但后来我变了，你问我："你不是说，你这辈子都不会留长发、穿裙子吗？"

那我也只能这样回答："是的，我说过！但我食言了。"

/这个世界再冰冷，
　　也不缺你那盆冷水/

他们当初泼冷水真的不是担忧你白费力气，而是担心你一番尝试之后，拥有了他们想而没能力得到的结果。

每年6月末，各个地方的高考状元便新鲜出炉了。作为一个标准的差生，每当看到他们那撼人的分数，我都会在佩服得五体投地之余，产生一种"同样生而为人，为啥智商差距这么大"的无力感。当然，智商上的差距只是我比较容易接受的说辞，那些能考出七百多分的孩子，除了智商因素，更多的原因是，他们付出了常人难以想象的辛苦。

那日，我伏在电脑前，一边刷微博一边感慨。无聊之中，下意识点开评论，本想欣赏一番众差生齐齐被虐的场面，然而却发现了很多画风别致的留言。

"本人当年也考了将近七百分，那又怎么样？现在还不是给老板们当牛做马！"

"孩子们啊，等你们到了社会就会明白，考个名校可能就是你们此生唯一的巅峰了！"

"今年的题肯定特别简单吧？"

"果真都是实力派！果真都只能走实力路线！哈哈！"

"没有用的，这是个看脸的社会！"

……

高考分数很高究竟是否真正"有用"，我不敢下定论，但通过以上评论，我可以确定这几件事：

第一个人，典型的高分低能，纯考试型选手，将理论应用实践的能力极低，主动学习的能力极差，情商不高。

第二个人，人生欠缺规划，步入社会后放弃学习，热衷混日子，生活中喜欢以出身名校自居，但不具有匹配名校资历的能力。

第三个人，内心阴暗的差生，个人满意度较高，但判断力极差，也就是常说的没有自知之明，眼界短浅，世界观狭隘。

第四个人，靠脸走上捷径的差生。

第五个人，不光实力差，脸也丑，最擅长把自己遭遇的所有不公都归因于爹妈没有给一副好皮囊和一个好背景。

看到这里，高考考得很好的优等生们，你们放心吧，只要能规避以上这五种过来人的人性缺陷，你们就不至于沦落至他们现在的状态。

高考分数不能决定一切真的是事实，优等生将来混得不如差生好也非常有可能，人生总是充满各种变数，河西十年，河东十年，谁也不知道下一秒会发生什么，我们能把握的，就是在现阶段把该做的事情做到最好。那些考场上的优等生们，不就是把自己现阶段该做的事情做到最好的人吗？为什么他们还要被非议？尤其是还要被一些没有尽力把自己做到最好的人非议，简直没有天理。

但想想也可以释然，已经把自己经营得足够好的人，哪有怨气去非议别人呢。

当年，我虽然是个差生，但也是我们那个小村庄第一个走出去的女大学生。在拿到录取通知书回家的路上，我收获了很多人的鼓励和祝福，尽管我考上的学校只是一个普通的二本，但在很多老乡眼里已经是一种无法超越的突破了。正当我享受着这种快乐、憧憬着美好未来的时候，质疑突然就砸了下来。

"你考的这所学校很垃圾，毕业了找不到工作！"

"要么就考清华和北大，要么就别考！"

"你看电视里那个小孩儿，人家那才叫考大学呢，你考的这是什么啊？是全国最好的吗？是全东北最好的吗？是全辽宁最好的吗？"

"谁谁家的儿子考上了大学，现在赚的还没有我养猪多！"

……

真是人言可畏啊！陡然间，从春意暖暖到冷风刺骨，我的心情"感冒"了。我忽然间觉得这个世界好冷，处处充满恶意，未来是好是坏我自己承担，但你们真没必要在我迈出第一步的时候就告诉我未来注定多舛；而后又觉得内心很"烧"，有一股怒火在我的身体里流窜，我很想大声反驳他们："没考上的人没资格说我考得不好！没上过大学的人更没资格说我读的大学很差！"

这一盆盆冷水，让我在接下来的几年里，感觉压力非常大，过得非常不快乐。我知道，有一些人时时刻刻都在盯着我，只盼着我将来辜负我的学历，让他们的预言一条条应验，届时他们更可以理直气壮地以我为反面教材，为下一代考学的孩子准备一盆冷水："你看老王家的小毛，上了大学，还不是混成那个鬼样！"

连上过大学的人都混得不好，这大概是他们支撑自己满足惨淡现状的最好论据了吧。

惨的是，大学毕业后，我混得真的不好。那段时间，我惧怕回家，即便回家也不敢出门，我抗拒变成人群中的焦点，我不喜欢大家以关心之名问我每月赚多少工资，当听到一些人善意地用"刚毕业都这样，等以后有经验了就会好很多"来帮我解围的时候，我恨不得溜进下水道请妈妈把我冲走。

我不是羞愧于自己混得不好，我只是难以接受自己的不优秀让心怀恶意的人更得意，让他有了更多泼他人冷水的底气。

在现实生活中，去打击一个努力变得更好的人，是很多人都有的爱好。

158路公交车上有一位模范司机，服务周到，热情礼貌，他也多次被评为劳模，有很多乘客会专门去坐他负责的那辆车。

某天,作为乘客之一的我正因为那位司机的热情而感到满心的温暖,就见一位老大爷走到驾驶室的旁边,我以为他会说一些感谢的话,结果他说:"你这么拼命干活是没用的,你说你有必要自己搭钱装饰车吗?你就死心吧,你升不了官的,能升官的都是有背景的人!"

那位司机一路都笑呵呵的,没有接话。外面烈日炎炎,但我的心忽然就冷了。老大爷兜头一盆冷水,浇凉了司机的一腔赤诚,也溅湿了我们这些普通乘客的心。

难道作为一个普通的公交车司机,一定要用混的状态在大街小巷兜圈才算正常?

背景是一条捷径不假,但并不是每一个人都要靠背景才能改变人生,老大爷那么说,只是因为他不能接受有人不靠背景也能改变人生。是的,他一生没有被岁月温柔相待,所以他觉得其他人就该一脸怨气地在努力和被迫接受现实之间选择沉沦,如他一般拥有一个失败的一生,那位老大爷,大概就是抱着这个出发点的吧!多一个人过得和自己一样惨,不就可以显得自己没有那么差了嘛!

所以,我们总能听到这样的话。

一个胖女生对另一个减肥的胖女生说:"你别那么辛苦,没用的,我也节食、也运动,不还是一斤都没瘦?"

一位全职妈妈对另一位准妈妈说:"有了孩子以后你就别想过安生日子了!到时候你就知道了!"

一位已婚妇女对另一位即将步入婚姻的女生说:"男人只要结了婚,就彻底失去耐心了,你千万别抱太大的期望!"

一位业务员对另一位业务员说:"你就别费力气了,这个单子根本磕不下来!"

……

结果呢,胖女生成功瘦身,新晋妈妈过得井井有条,新婚女生经营有道,业务员大功告成。当初那些泼冷水的人,一脸错愕地观望着这个令人出乎意料的结局,说不出地五味杂陈。这时你才会明白,他们当初泼冷水真的不是担忧你白费力气,而是担心你一番尝试之后,拥有了他们想而没能力得到的结果。

在这个世界上,不向你泼冷水、而是为你鼓掌的人,真的太少了。你努力过得更好,会给身边人带来不快也是真的,有人嫉妒、有人惶恐,一盆冷水之于他们的意义,是一种自我保护的手段,因为害怕被你爆燃的小火焰灼伤,所以试图先把它扑灭。

在人生路途中,你越是努力往前走,你感受到的恶意就越多。但无论有多少种外力东拉西扯,请都别偏离自己的方向。在不同的人生阶段努力做到最好,是一件永远正确的事,千万别驻足在旁人为你画好的安全线之前。你只需要记得,哪怕你比他们多走一步、多坚持一分钟,你都能看到不一样的风景,那时,便可尽情敞开怀抱感受新境界,至于身后那些人端盆瞭望的姿态如何,真的不重要。因为冷水不是背负,冷水是鼓舞。

FOUR
告别练习题的正确答案

从小到大,所有人都在向我描述重逢的喜悦,
却没有任何一个人教会我面对离别。
我站在痛苦的边缘,恍恍惚惚、反反复复间,
总算为自己辟出一条出路,
我自学抵御悲痛的战术,总算习得了告别的最佳方式。
那就是创造一个世界,
给那些被时光卷走、偏又放不下的人,
找一个有迹可循的归处。
肝肠寸断是一堂人生必修课,
每个人经此一役方能自学成才。

/ 在薄情的世界里深情地活着 /

> 我喜欢那样的人，无论何时何地，他们相信人间真情，相信会有绝处逢生，他们披荆斩棘、跌跌撞撞，跌倒了还会爬起来，摔疼了不留阴影，哪怕招了一身尘土，他们也能洒脱掸一掸，一脸朝气，眼中有光，心中有爱，继续上路，不畏不惧。

小悦读初中时，父母离异，妈妈带着妹妹改嫁到外地，家里只剩小悦和爸爸相依为命。半年后，经人介绍，小悦爸爸和一位阿姨步入第二段婚姻。结婚之前，这位阿姨对小悦特别和善，可是，当小悦改口叫了"妈"以后，这位阿姨再无耐心伪装，彻底撕下伪善的面孔，露出童话故事里常见的"后妈"嘴脸。

在我的诸多同学里，小悦一直都是最活泼开朗的那一个，如果不是她后妈忽然闯入学校要给她办退学闹了那么一场，我们谁都不知道，小悦其实来自单亲家庭。

这些年来，我接触过很多来自单亲家庭的孩子，在很多人眼里，他们被标签化，从他们的身上，旁人多少能看出父母离异给他们造成的伤害，他们私下里大多敏感、沉默、胆怯，相较之下，小悦简直就是一个异类。她喜欢笑、喜欢闹，课间时，即便隔着一条走廊，也总能听见她爽朗的笑声，无论我当时心情多么不好，只要她那一串"哈哈哈"砸下来，我总能忘记当下的烦恼；她心很宽，同学们都喜欢和她开玩笑，她从来都不恼；她成绩一般般，经常答不上老师的提问，老师有时会训她几句，但她永远都是挠挠头，笑嘻嘻地听着，轻松化尴尬于无形。

那天，我们刚上完体育课，同学们累得一个个趴在课桌上休息。这时，小悦后妈闯进我们班级，扯着嗓子大声喊道："小悦，你赶紧收拾东西跟我回家吧，从明天开始你不上学了！"

众同学一惊，小悦缓缓站起来，死死盯着那个女人，坚定地说了句："不，我要读书。"

这时，班主任闻声赶来。小悦后妈已放弃所有体面，向班主任哭诉家里的经济状况有多么糟糕。听来听去，我们只抓住一个关键点：小悦一个姑娘家，读那么多书也是无用，早晚要嫁人，还不如早些退学出去打工，补贴家用，明年弟弟就要上学（后妈带来的），用钱的地方更多。

一见这场面，所有同学都目瞪口呆地看着小悦，谁能想到这个活泼开朗的小姑娘，背后竟有这样曲折的身世。

班主任把小悦后妈劝走后，专门找小悦谈了一个下午。很久之后，班主任才向我们透露谈话内容。自从后妈搬进来，小悦原本贫寒但不失幸福的生活便戛然而止。后妈一直都对小悦上学读书这件事有极大不满，总是抓住一切机会在小悦爸爸耳边吹风，让他切断小悦的一切开销，逼她早点自立。听的次数多了，小悦爸爸竟然也动摇了。那段日子，小悦早起上学时，从来没有早餐可吃，爸爸只给很少很少的生活费，如果没有奶奶暗中贴补，连午餐也接连不上。偏偏小悦成绩一般，更给了后妈阻止她继续上学的理由。

在这种情况下，小悦苦苦地坚持了一年半。课间时，我们还是能听到她爽朗的笑声，就好像，那个下午，她的后妈没来过学校，没撕破她最后一层自尊一样。只是，当她走出学校大门后，她身上的灿烂便尽数消失，瘦弱的她，背着破旧的书包，推着破旧的自行车，夕阳温柔地注视着她，但她只微微低着头，背影落寞而倔强，在那个不得不回的家里，等待她的是一张张冰冷的脸，学校对于当时的她来说，或许是唯一的乐园。

忽然有一天，小悦就不来上学了，连告别也没有。课桌上码得整整齐齐的书本，她一直都没来取。班主任说，小悦去找她妈妈了。大概几个月后，我收到小悦的一封信，颜色明亮的信纸，潦草得快要飞起的字迹，信里说，她妈妈的新家收留了她，那位叔叔愿意供她上学，她可能再也不会回来了。

她就这样消失了。风去风来，云卷云舒，每次看到天空中孤零零飞翔的小鸟，我总能想起她。

再见小悦是在二十年后。有天晚上，我被同学拉进一个微信聊天群，我特意查看了群名片，发现小悦也在其中。加了好友之后聊上几句，这才知道，如今，小悦竟和我在同一个城市里。

我很想见见她。这些年，我特别挂念她。

到了周末，我们约在一家快餐店见面。我到时，小悦已经等了半个多小时。她比从前胖了些，但轮廓没变，我一眼便能从人群中认出她来。她还和过去一样，见到我剪得丑爆的发型，依旧笑得没心没肺，引得旁人纷纷侧目。

我们聊了一个下午，得知她结婚了，但又离婚了，目前自己带着女儿单过。当年，她离开爸爸去投靠妈妈，也只是多读了两年书。两年后，叔叔没有继续栽培她的意思，妈妈有心但没有培养她的能力，小悦再无人可投靠，彻底沦为所有人的负担，于是甘心辍学，出去打工。这些年来，和许多命运不济的普通女孩一样，她吃尽了苦头，但没有逆袭。

"其实我挺感谢家里人的，我一点儿都不恨他们。"小悦笑哈哈地说。

我听完这话，心里特别不好受，说："我就没你那么好脾气，如果换作是我，我会恨死他们。"

"可是，我要是不原谅，又能怎么活呢？谁都不容易。"

我忽然就不知道该怎么接话了。

小悦辍学后，去过很多地方打工，饭店、服装店、冷库、宾馆、工厂……当时，她年纪小，身材瘦弱，更没有什么背景，遭了不少欺负。只是，谈到这段经历，她只轻描淡写地说了句："慢慢就好了！"

小悦后来遇上了前任老公，两个人在一起也过了一段甜蜜的生活。但女儿出生后，因为种种琐事，两人矛盾越来越多，加之老公在外面有了别的女人，这日子就再也过不下去。提起这件事，小悦没有说过一句贬斥前夫的话，她只说："两个人都有不对的地方，既然过不下去，那就好聚好散吧。"

我很难描述那种心情，一个从小到大遭遇了种种不公的姑娘,坐在我的对面娓娓道来,就像在说别人的故事那样置身事外,她的洒脱、宽容,让我佩服,更让我心疼。

我问她:"那你今后打算怎么办?"

她笑得很开心的样子,说:"当然该怎么活还得怎么活呀。我现在有一份还不错的工作,在一家二批商贸公司做业务员,负责给整个铁西区的小便利店送货,只要肯吃苦,赚的钱足够养活我和女儿。平时没啥事的时候,我们就待在一起,她馋了就带她出去大吃一顿。我还这么年轻,我觉得只要肯努力,日子肯定会越来越好的。如果能遇上一个可心的男人,我还会结婚的呀。"

她积极得像一轮小太阳,坐在我的对面发光发热,我这个有父母关爱、有姐弟扶持、有好友陪伴、有得体工作、有不错收入却还总觉得不够幸福的人,在她的光芒之下,活生生变成一粒浮沉。

是的,因为一些不顺遂,我经常觉得这个世界不够爱我。直到我与小悦重逢,直到我遇上更多遭遇不幸但从不抱怨的人。如果不是见过他们被这般薄待,我还难以意识到这个世界对我的厚爱。

我曾在医院里见过一个病危的姑娘,生命已然进入倒计时,她每天仍旧乐呵呵的,她说要过好剩下的每一天,她要把别人的四十年,浓缩成她自己的四十天。可是,反观那些还有四十年甚至五十年的人,他们每天纠结于得失,烦恼于物欲,毫不吝惜地践踏着宝贵的时间,根本意识不到他还能活那么久,是上天多大的恩宠。

有个男生因为临考前遭遇车祸没能参加高考，寒窗苦读十几年，这是多大的打击啊！可是他没有气馁，也没有抱怨，送走同班同学后，默默拿起书本复习，隔年，他发挥不如以往，最终只考上个普通的学校。有人替他惋惜："去年你要是没遇上车祸，肯定比现在考得好！真是造化弄人啊！"但他只笑笑说："那我上学后就更加要好好学习，把我错过的弥补回来。"

有个女生放弃一切谈了一场恋爱，结果落得个男生劈腿的结局。人人都以为感情至上的她，肯定就此一蹶不振，但休整几个月后，她重新以光鲜姿态复出，她说："我已经失去爱情了，更加不能要死要活，以后，我会遇上更好的。"

……

当我们在抱怨、慨叹命运不公的时候，命运一刻也没闲着，继续向世间投掷礼物或灾难。被它一个反手拍到泥里的人，更是寻常。有的人，一生被命运厚待，一切顺遂；有的人，一直都在倒霉，命运只负责雪上加霜。有时，境遇是相似的境遇，但结局是不同的结局。那些在寒风中经历过彻骨绝望的人，有的把这种绝望刻在脸上，传染给更多的人；而有的从来没有放弃对温暖的向往，他们努力着、挣扎着、对抗着，不甘不屈，最后也能慢慢从泥淖中挣脱出来。

现在我相信，一心向阳的人，一定能赶上最好的时光，哪怕再远、再晚，他都能收获一个不一样的结局。就像小悦，她以后一定会越来越好的。所以，在这样的现实里，不管你摊上多难的关，都别那么早放弃。父母离异了、家道中落了、身体患病了、爱人背叛了、事业衰败了……命运总是有一千种方法来薄待我们,它也早已准备好凛凛寒冬,来对付你变得更无情、更冷漠的面目,一旦步入命运无情我更无情的恶性循环,就像进入一场胜负已定的厮杀,毁掉的,终究还是我们的一生。

我喜欢那样的人,无论何时何地,他们相信人间真情,相信会有绝处逢生,他们披荆斩棘、跌跌撞撞,跌倒了还会爬起来,摔疼了不留阴影,哪怕招了一身尘土,他们也能洒脱掸一掸,一脸朝气,眼中有光,心中有爱,继续上路,不畏不惧。

我永远不会让不美好的过去毁掉我原本美好的未来,我知道岁月无情人也薄情,但我愿意携一腔赤诚、满腹深情去寻找,寻找那个被命运藏得极隐秘的礼物,这便是小悦带给我的觉醒。

/自学抵御悲痛的战术/

哪怕隔着星河、隔着虫洞,生命永不会消逝,只有先走与逗留,只有送别与久候。

奶奶是在我读高二的时候去世的,至今,我一直对没能见她最后一面而耿耿于怀。

还记得那天,政教处的老师到班级找我,说家里有亲戚来看我,我隐隐有种不好的预感。走廊尽头,小姑夫正一脸凝重地看着我,他对我说:"你奶奶不行了。"

其实那个时候,奶奶早已经去世了。小姑夫担心我在路上心急出事,才故意这么说的。

我奶奶不行了。

听到这句话,我整个人陷入一种极度无措当中。我先冲回教室简单收拾了下,然后冲向学校大门的保卫室。当时那所高中实施军事化管理,我戴着住校生的蓝色标牌,无事不能出门。

保卫处的老师问我:"你这个时间为什么要出校门?"

我一下子就哭了,吓到了老师。

平复了好久,我才解释明白:我奶奶不行了,在家等我。

保卫室的老师为我闪出一条路。幸亏学校离车站很近,我只用了十几分钟,便坐上了回家的小巴车。

小姑夫这时才追上我,默默坐在最后一排,一路上,我们谁也没说话。

小巴车停到我家门口的时候,丧乐灌耳。灵棚已经搭好,爸爸和姑姑们穿戴重孝,正跪在地上烧纸。邻里乡亲们散落在院子里的各个角落,我踏进院门的时候,只听见一个大婶说:

"你奶奶临走前,就一直念叨你呢,结果还是没等到,唉⋯⋯"

我的腿忽然就软了,远远地瘫了下来。

哭得双眼红肿的二姑过来扶住我,说:"你快来看你奶奶最后一眼吧,就等你哪,要不就合棺了啊!快去吧。"

那是我第一次见到一个去世的人,在我看来,奶奶和熟睡并无两样。她被肠癌折磨了五十多天,形容枯槁,而彼时的她,一脸的解脱感,反倒更加安详,就像她健康时一样。

那一瞬间,我的心里忽地涌上了很多很多过去的事情,整个人趴在棺木上,我觉得自己当下必须争分夺秒地在脑子里重演一遍我和奶奶的过往,因为再过一会儿,她就真的,永远从我的生活中消失了。

然后姑姑们把我拉走,她们说,时间到了,该送奶奶走了。

可是我还没有准备好啊！谁能告诉我该怎么办？

在农村老家，葬礼的流程比较烦琐，有很多讲究。从家里到火葬场，从火葬场到家，再从家到祖坟。我听从长辈的安排，麻木地跟在人群后面，不停地磕头。这一路，哭声没有间断过，我反倒哭不出来了。

从此，我的心里，多了一座坟。

第二天，一切如旧，大家各归各位，只少了我的奶奶。妈妈和几个亲戚正在处理奶奶的遗物，我窝在奶奶最喜欢的炕头，学着她盘腿坐着，猛然想起她再也不会回来了，心如刀绞。

那是我哭得最惨的一天，吓坏了在场的所有亲戚。

是的，我还不能接受，奶奶就这样走了。她在病重之时，坚决反对家人通知我请假回家，怕耽误我学习；而她在弥留之际，气若游丝，却一直在问："小毛回来没？小毛回来没？"

每每想起这件事，我都觉得非常、非常伤心。在这个世上，唯有弥补不了的遗憾，才叫遗憾。

奶奶一生命运坎坷，经历过丧夫、改嫁、丧子、丧女，老了以后开始抽烟，看事情看得很开。奶奶对我的影响最大，完全超过我爸爸和我妈妈。在我尚不记事的时候，我就从妈妈的西屋搬到了奶奶的东屋，贴着奶奶睡。奶奶不太会讲故事，她性格铿锵，做事说话都不够柔软，她对我说得最多的，现在来看，其实是做人、做事的道理。

她常说，做人啊，要悠着点，嘚瑟掉毛过不去冬。

我现在遵从着她的教导，做人做事一直都很低调。

她常说，做饭啊，要用点心，下了灶台，就要好好做顿饭。

我现在只要进了厨房，哪怕再累，也不会将就一餐。

她常说，人到了什么时候都得要点强，不能指望别人。

我现在非常独立，遇到扛不住的事，也只是将它从左肩膀移到右肩膀。

……

我现在整个人的状态，其实就是奶奶的翻版，包括身上那股倔气。

奶奶给了我很多，而我能给予她的，非常有限。读高中的时候，我一个月的生活费是一百块，根本不够花，但即便如此，我也会饿自己两顿，省下几块钱，给奶奶买她最爱吃的糖酥饼。那真的已经是我当时能买得起的最好的东西了。每次回家，我都向奶奶表决心："等我大学毕业后就能赚很多钱了，到时候给你买全天下各种各样的好吃的。"

奶奶便呵呵笑。如果她能活到现在，那该多好啊！我们可以一起做快乐的吃货，我可以下厨给奶奶做很多好吃的，如果她问我："孙女啊，你怎么这么会做饭呀？"我就可以骄傲地告诉她："奶奶，因为我是金牛座啊！"

我猜她一定会笑出一脸的核桃纹，问我："那我是啥星座？"

我真的无法原谅自己，我成长得太慢了，我干吗要有那么长的青春期呢，时间你没看到吗？奶奶一直在等我长大啊！

记忆里的她，有时盘坐在炕头上，浑浊的目光飘向窗外；有时坐在墙根下，眯着眼睛晒着太阳；有时坐在梨树下，摇着蒲扇乘着凉。

她就这么不言不语地等着，白发越来越多，皱纹越来越多，后背越来越驼，人越来越瘦，可我还是没长大。

后来，我终于长大了，却只能在梦里见到她。

从奶奶去世后至今，我无数次梦到过奶奶，我问了问家人，只有我一个人如此。有天梦里，她跟我说，她缺一个吃饭的羹匙。第二天晚上，我带着老公，跑到十字路口，给她烧了好多好多的纸钱。

我真的没有办法释怀，我觉得我此生都过不去。

妈妈说，人这一辈子，就是这样，过不去也要过去。爸爸听了这话也只是一阵叹息。

我跟姑姑们说："我经常梦到我奶奶，为什么总是缺吃少穿的？"

于是从来都梦不到奶奶的她们，把我当作小小信使，听我这样说，每到逢年过节，她们便多多烧纸钱。

迄今为止，我养成了一个习惯，每次吃到什么好吃的，遇到什么好玩的，都会习惯性地想起：如果我奶奶还在，那就好了。

是的，我就是放不下，我就是放不下。

奶奶去世前，家里还很穷，她没享到什么福。

现在每个子女的家庭条件都有所改善，孙子孙女们都长大成人，我们每人伸出一只手，都能把她捧在手心里当宝贝，可是她不在了。

这种情绪陪着我，从上学到工作，从单身到结婚。我慢慢不再悲戚，只把这种思念当作一种习惯，我习惯了在任何状态下想起我的奶奶，偶有那么几回，竟会觉得奶奶并没有离开。

在我备感孤单无助的时候，总会有一股力量拉住我；在我得意忘形的时候，总会有一阵清风扑醒我。我觉得那股力量、那阵清风，全部来自冥冥中，冥冥中最牵挂的人，应该也只有我的奶奶。

所以，我断定，她就藏在这座城市的某个角落，她可能一直以一种无形的状态陪在我左右。都说思念是一种很玄的东西，我想她感受到了这股力量，于是便赶来一直陪伴我，她时时出现在我的梦里，其实就是为了告诉我：宝贝，奶奶还在。只是，在另一个世界里。

有一天，我便生出这样的想法，除了我们所在的这个世界，一定还有另外一个世界，这两个世界完全相同，平行对立，互为梦境，终其一生，我们都在这两个平行的世界里穿行，以梦醒为界。在另外一个世界里，我和奶奶陷入深度睡眠，所以才有在这个世界里那么多年的相依相偎；但后来，在另外一个世界里做梦的奶奶先醒了，而我还在沉睡，所以如今的我们天各一方。但其实，这里并没有生离死别。奶奶只是换了个睡觉做梦的地方。在她的梦里，我在沉睡；在我的梦里，她在沉睡。

所以，奶奶没有死去！

我并不介意她与我不在同一个世界里，只要她还活着就好。每当我想念她时，她便来叩响我的梦境之门，在短暂的重逢之后，我们都在各自的世界安好。

如果真的是这样，我便也知足了。

后来，我见过更多的人离开这个世界。是这样的念头，让我抵抗住很多场生离死别。从小到大,所有人都在向我描述重逢的喜悦,却没有任何一个人教会我面对离别,我站在痛苦的边缘,恍恍惚惚、反反复复间,总算为自己辟出一条出路,我自学抵御悲痛的战术,总算习得了告别的最佳方式。

创造一个世界,给那些被时光卷走、偏又放不下的人,找一个有迹可循的归处。

2014年,我的好友冯般若因为一场车祸离开了这个世界。我知道,那是她的梦醒了,现在的她,正在另一个世界里漂亮地活着,她美丽、可爱、多才,我预感,在另一个世界里的她,定是个惹眼的人物。小般若,得闲多来我梦里转转,让我知道你过得好,就好啊。

肝肠寸断是一堂人生必修课,每个人经此一役方能自学成才。这些年,我尝试了千万种方法,真正能够坦然接受的,也唯有这一种:那些对我好、重要的人,他们都没有死,只是换了一个生活的空间和维度。在我所在的世界里,他们长眠好梦;在另外一个世界里,他们都好好的,也在思念我,也在练习,如何与不肯醒来的我告别。

如果你因为永远失去一个人而痛苦不已,那便努力让自己去相信这样的事实吧,所有那些我们离不开的人,其实都不会离开,你把一种留恋存放在心里,他们便能循着这股酸甜找到你,哪怕隔着星河、隔着虫洞,生命永不会消逝,只有先走与逗留,只有送别与久候。

/因为爱过，告别也欢喜/

因为爱而欢欢喜喜地把它们迎来，因为爱过而欢欢喜喜地把它们送走。我不害怕以后会思念它们，因为它们一生不曾被辜负。

细细想来，在这个世界上，能用尽一生陪伴我们的，似乎只有宠物。

你看，不出意外，父母会比我们先走；我们缔造了子女的生命，但他们长大以后便要迫不及待地离我们远去；须孤单行走多年，我们才能穿越人海与伴侣相遇，或许一起走了一段还要分开；时光流逝，昔日朋友慢慢散落天涯海角，最终只剩零星问候；至于同事，相交甚笃者寥寥，出了公司大门，彼此之间和陌生人又有什么区别呢。

所以，小猫小狗，天长地久。但遗憾的是，它们只能活个十几年，所以那不是我们的天长地久。

记忆里,我家养过很多只猫、很多条狗。在农村,养猫是为了捉老鼠,养狗是为了看门儿,不论什么出身和品种送到这里来,都肩负如此使命。也正因为如此,小猫小狗倒更像家中的一员,而非豢养的宠物。无论它们病死或走失,都等同于在我的心头剜一刀。

反复如此,我便成了一个爱猫狗爱到不敢拥有的人。它们如用十年时光陪伴我,走的时候,就会挖走我十年的快乐,从此后生命中便有了一个很大的缺口,谁也弥补不了。

我家曾养过一条老狗,那是一条长得很好看的中华田园犬。因为它的两只眼睛上方各长了一簇白毛,得名"四眼儿"。在四眼儿将近十年的生命历程中,它尽职地行使着看家狗的职责,但也因为过于认生闯下祸患,它曾挣脱铁链咬伤邻居家的小孩儿,以至于从那以后,那家人再也不肯登门。

我读初中以后,四眼儿生病了,到现在我也不知道它究竟得了什么病。四眼儿不发病的时候和一条健康的狗没什么两样,但发病时便会浑身抽搐、口吐白沫。那时候家里条件并不好,只是爸妈见我们姐妹哭得伤心,于心不忍,还是会去请兽医来给它打针,但慢慢地,药效越来越不明显。我奶奶也试了很多偏方,可是到最后,还是没有办法根治。

那时候,每次四眼儿发病,我都特别留意大人们的表情,我很怕他们放弃它。我甚至多次告诉我妈,我要一直养着它,直到它病死。等它死了以后,我还要在家附近找一块好地方把它埋起来,每一年,我都要去看它。

这在当时的老家,大概只有孩子才会有这样幼稚的念头吧,一个不断惹祸、不定期抽搐、平时只拿剩饭剩菜喂养的看门土狗,在大人们眼里,其实就是一个畜生而已。

那时,我坚持一定尽力照顾四眼,直到它安乐死去。但它当时的病症越来越严重,发病频次越来越密集,病程越来越长,兽医已经没有办法,大概活不过几天。每一次,全家人围在四眼儿的周围,眼睁睁地看着它身体抽搐、口吐白沫,只能指望它自己挺过来。我特别害怕奶奶用看透世事的语气说"完了,这狗肯定不行了,它太遭罪了,还不如死了干脆"。但每一次,四眼儿都很顽强,总能奇迹般地活下来,我知道它肯定是不舍得我们。狗就是这样,即便主人没有厚待过它,它也会对主人保持忠诚。我一直相信,奇迹会出现,四眼儿的病,能不治自愈。

几天后的一个黄昏,我在放学回家的路上,与一个陌生的中年男人迎面相遇。他骑得飞快,但空着一只手,牵着一条狗。那条狗呈黑棕色,四肢健壮,在夕阳下,毛色发亮,它长得特别好看,两只炯炯有神的眼睛上方,各有一簇白毛,远远看上去,好像长了四只眼睛。

我不知所措地下了车,呆呆地看着。那条狗路过我,也扭头看着我。是的,我确定,那就是我家的四眼儿,否则,它不会一边被那男人拖着走,一边回头恋恋不舍地看着我;也不会一边努力挣脱那条绳子,一边发出呜呜的哭声。

我家人到底还是把四眼儿"处理了"。我一直在哭,目送着四眼儿在下一个路口拐弯,将近十年的情分,戛然而止。

然后我骑上自行车,疯狂地往家里赶,带着一腔愤怒与委屈。二十分钟的车程,我只用了十分钟。一见我脸色,家里人便知道我大概和四眼儿遇上了。我大声问他们:"你们凭什么把四眼儿卖了?!"

我妈说:"就怕你看见,还真让你看见了,卖它不是为钱,就是图一个痛快,你看它每次犯病你不难受吗?兽医都说它活不了几天了!"

我没敢再往下问,至今都没有问起买走四眼儿的那个男人,到底是哪个行当的。我甚至还抱有一丝希望,那个买走四眼儿的人可能是个医术精湛的兽医,他治好了四眼儿的病,四眼儿的余生稳妥安好。如果是这样,即便最终送走它的不是我,也好。

四眼儿走后,看门儿狗的"职位"空缺,家里陆陆续续又养了几条狗。在当时的农村,猫狗从来不是什么宠物,它们是具有功用性的家畜,它们得干活、得尽职,靠卖萌是活不下去的,所以猫猫不傲慢,狗狗也不敢拆家,这里更没有低三下四的"铲屎官"。

只是,因为四眼儿,不管以后养的猫狗有多么可爱,我都一直抗拒和它们亲近,因为我害怕对它们产生感情。我永远都忘不了,在那个温暖的黄昏,四眼儿一步一回头的样子,我忘不了它眼里的委屈和失落,我忘不了它对我的不舍,我忘不了它呜呜的哭声,更忘不了当初养它的是我们,放弃它的还是我们。

对于四眼儿,我没有做到善始善终,这是我永远的遗憾。

一晃二十几年过去,我发现自己变得越来越脆弱,习惯于把所有的拥有看作失去的开始,越是在意,越要保持距离。对于我喜欢的小猫小狗，只敢在网上看看别人分享的宠物日常，可是，我又很害怕在微博或者微信上看到寻狗启事或者寻猫启事。我害怕它们就这样走失，从此无家可归；害怕它们在没有主人庇佑时，遇上恶劣天气遭罪、遇上变态遭虐；更害怕它们觉得自己不是走失了而是被主人遗弃了。

因为主人就是它们的一切，如果真的被遗弃，它们就失去了全世界。

所以，我尽量多去看一些积极的、温暖的关于猫猫狗狗的图片和新闻。

看，那个主人很有钱，他收养了一只狗狗，这只狗狗摇身一变成为小公主，走向狗生巅峰，网友们的留言全都是"人不如狗"；看，这个主人是个流浪汉，整日风餐露宿，可是他把乞讨来的热狗里的香肠留给狗狗，还把自己唯一的毛毯盖在狗狗的身上，狗狗的生活条件很苦，但我相信它内心很幸福，因为落魄至此主人也没有放弃它。

亲友们都知道我喜欢小动物，他们每次看我在网上分享各种萌宠的照片，都会说："你那么喜欢小猫小狗，不如养一只。"

可是我连想都不敢想，我太了解自己，一旦我养了小猫小狗，必定视它们为我的生命，殚精竭虑能保它们一世无忧也就罢了，可一旦它们中途遭遇不测，我承受不了。其实再仔细想想，就算它们平安活到死去的那天，对于它们的死去，我可能一样接受不了。

但我一定会养一只猫或者一条狗的。在我年老的时候，如果命运眷顾我，就让我在剩下的十几年里，拥有一只小猫或者小狗，我用我的余生，照料它们一生，它们也用它们一生，陪伴我的余生。我们谁也不要放弃谁，谁也不要怀念谁，最后一起离开这个世界，彼此安心。

朋友说："你这样想，对宠物就不是真爱，你只是怜惜你自己，你不是没勇气与它们告别，你只是没勇气面对失去你投入的感情而已。"

说这话时，她正在给一只德牧做按摩，德牧整个摊在地上，舒坦得像个老太爷。我的这位朋友，一直都在养狗，刚认识她时，她养的是一条大金毛，从小养到大，已有十二年，被她调教得可以帮她叼着菜筐出入菜市场，后来，年迈的大金毛病逝，她便又接了这只德牧回家。

换作是我，可能会被打击得不行。但她虽悲痛，却能很快走出阴影。我问她："大金毛去世的时候，你真的就能放下吗？"

她笑笑说："它的生命就只有那么长，这是个事实，谁也改变不了，它这一生在我的照料下过得特别好，我问心无愧，它善始善终，我自然能放下。你呀，不要一想到会失去它们就撕心裂肺，你应该多想想，它们来到这世上走一回，一直都拥有着你的注视和关爱，难道不是一种圆满吗？这对宠物来说，就是最好的结局了！"

是的，说到底，不是宠物离不开我，是我离不开它。我害怕与它们告别，完全是站在自己的立场上考虑问题。却不承想，能给它们安稳一生或者给它们一段幸福的时光，也是一件功德，站在宠物的角度考虑，这也是一种被爱的美好。

能舍得与它们告别，自己承受所有的思念之痛，其实，这才是真爱吧。

　　我忽然就想把领养宠物的时间提前一些，不必非得等到我年老，只要我足够稳定、时间足够充裕、完全可以对它们负责就可以。我想把自己的爱尽早给予它们，我想守护它们短暂的一生。因为爱而欢欢喜喜地把它们迎来，因为爱过而欢欢喜喜地把它们送走。我不害怕以后会思念它们，因为它们一生不曾被辜负。想到此，思念之重便可承受，我为我曾爱过它们而感到欣慰。

/告别是人生的第一课/

那些留守在老家的孩子，身上背负的是旁人理解不了的人间疾苦，在他们面前，在他们的父母面前，你整日在朋友圈里分享的育儿知识和亲子故事，就像个童话一样。

弟弟把车开进村口时，我远远看见一个瘦瘦的小孩子欢呼着跑过来。待车子开到距她几米远的时候，她忽然定住了，瞪着无辜的大眼睛，憋着嘴，一脸的失落，连羊角辫都耷拉下来了。

我问弟弟："这是谁家小孩儿？"弟弟说："刘婶的孙女啊，你好几年没回家了，可能不知道，刘婶的儿子和儿媳去上海工作了，没有办法带孩子，就把她留在老家了。"

"哦。"我摇下车窗，探出头去，她正歪着小脑瓜儿看过来，我给了她一个微笑，却发现她哭了，默默无语两行泪那种，看得我一阵揪心。反正也快到家了，我让弟弟先回去，便提前下了车。

那孩子一直站在原地没动,见我走近,面露怯意,我弯腰摸了摸她的头,问道:"小朋友,你叫什么名字啊?"她小声说:"苗苗。"

我从包里翻出几块巧克力递给她,她不接,我撕开包装纸,掰了一块放进嘴里说:"可甜了。"她这才从我手里接过去,小口地吃着,一滴眼泪划过脸颊。

一块巧克力拉近了我们之间的距离,我问她在等谁,她小声说:"在等我妈妈和爸爸,去年他们也坐这样的车回来的,我妈妈也给我买过这样甜的巧克力。"

临近过年,一向安静的乡村公路也常有汽车疾驰而过,我担心苗苗自己在街上不安全,就说服她和我一起回家。在回去的路上,她忽然问我:"阿姨你在哪里上班?"

我说:"上海,离这里很远很远啊!"

她忽然跳起来,拉着我的手,一脸渴望地说:"我妈妈和爸爸也在上海,那你认识他们吗?"

我想了想,说:"认识呀,我们是很好的朋友呢。"

自此苗苗对我彻底放下戒备,拉着我的手,一路蹦蹦跳跳,像只雀跃的小鸟儿。

到家刚吃过午饭,就有客人来访。出门迎接,竟是苗苗和她奶奶。苗苗奶奶说:"孩子吵着要来见你呢。"

我知道苗苗来我家,是因为我曾对她说我认识她妈妈,她好像找到了联系她与妈妈的纽带,所以急于向我证实藏在心底的一些疑问:第一,妈妈到底有没有给她买点读机;第二,妈妈这次回来会不会陪她很多天;第三,妈妈到底什么时候回来。

我把探究的眼神投向苗苗的奶奶，老人无奈地摇了摇头。于是，我只能发挥编故事的能力，告诉她点读机早已经买好，妈妈如果工作不忙就会多陪她几天，而且估计很快就会到家了。

听完我的回答，苗苗心满意足地回家了。望着那个小小的背影，妈妈叹了一口气："唉，这孩子估计又要失望了，她爸妈今年都不能回来。"

我一惊，问道："为什么啊？"

"听说是没买到火车票，好不容易下定决心奢侈一回买飞机票，结果飞机票也没买到。"

傍晚时，苗苗又来了，给我带来她最喜欢的糖果。然后便眼巴巴地看着我，我知道她又要和我聊她的爸爸和妈妈，但事实上我们只是小时候一起玩过，好多年都不联系了。为了苗苗，我去找我妈要苗苗妈妈的手机号，加了她的微信，让她发一段视频过来。苗苗在手机里看到妈妈的时候便哭了，一边哭一边问："妈妈，你怎么还不回家？"

我真不敢想象苗苗如果知道爸爸妈妈过年不能回家会有什么反应，赶紧截断了苗苗妈妈支支吾吾的解释，大声说："兰姐，你回来的时候千万记得要给苗苗买点读机啊。"

在苗苗心里，我是与她妈妈最接近的人。她时不时就一个人跑过来，听我给她"编"一些她妈妈在上海生活的故事。末了总不忘问一句："阿姨你问问，我妈妈现在到哪儿了？"

看着苗苗充满渴望的眼神，我说谎话的时候越来越无力，我知道作为一个成年人想要骗过小孩子其实很简单，真相败露后大不了惹她哭一场，但我真的不忍心。

那日，我跟兰姐聊了会儿，希望他们能再想想办法，一定要回来一趟。兰姐无奈地叹了口气，说："我真的很想回去，现在天天守在电脑前刷网页，就是希望能刷一张退票，可是几天过去了，一点希望都没有。"

怎么才能让远在上海的妈妈顺利回家和孩子团聚？我在朋友圈里发问。很快收到一堆馊主意：自驾，不可行，苗苗的妈妈和爸爸没有上高速的经验，不安全；搭顺风车，这有点扯，再说也不安全；换个路线各种倒车，也不现实，年终岁尾的，哪条线路的票不紧张？最后还是做导游的妹妹给了个可行的建议：找旅行社参团啊！

我和兰姐联系好，让妹妹托朋友帮他们报了一个东北旅行团，终于，腊月二十八那天，苗苗和爸爸妈妈团聚了！

那天，苗苗那脆生生的笑声简直洒满了小院。晚饭后，兰姐特意带着苗苗跟我道谢，苗苗还给我带来了巧克力。她用肉乎乎的小手撕开包装纸，掰开一块送到我嘴里，小脸笑得像一朵花，说："这是妈妈给我买的巧克力，可好吃啦！"

苗苗高兴得忘乎所以，不停地在屋里屋外跑来跑去。我趁机和兰姐聊了一会儿，这才得知，初五她就要返回上海了。

"好不容易才回来，多待几天再走啊，好好陪陪苗苗。"

兰姐叹了口气，说："我们也是不得已。出去赚得多点，将来能给苗苗更好的生活，让她受更好的教育。再过两年吧，等苗苗到了上小学的年纪，我们就回到东北安定下来，一家人再也不分开了。"

我真的不忍心打破兰姐的美好想象。对于幼小的苗苗来说，更难的日子其实还在后面。与父母一分离便是六七年时光，奶奶爷爷一边忙着农活一边照顾，给不了更周全的照管。当别人家的小朋友赶着去学钢琴、学外语的时候，苗苗待在老家与秀丽山水为伴，整日帮奶奶放大鹅、喂小鸡，算是无忧无虑。殊不知人生的发令枪早已鸣响，别人家的孩子虽然累得气喘吁吁，但已经跑过了大半圈，而苗苗连助跑的姿势都没摆好。那时再把她接到大城市里，恐怕她的口音都会成为她融入这个社会的障碍。

父母错过了孩子的童年，将是永远的缺失。可是，又能怎么办呢？

初五早上，我窝在热乎的炕头上睡得正香，结果被一阵凄厉的哭声惊醒，我趿拉着拖鞋就冲了出去。远处传来稀稀拉拉的爆竹声，家家破五迎财神，但这个喜气洋洋的日子却是苗苗与爸爸妈妈离别的日子。

"妈妈，不要走……求求你不要走……"

我冲到大门口的时候，看见苗苗正扯着兰姐的衣襟不撒手，小脸涨得通红，哭得上气不接下气。兰姐一边安慰苗苗一边抹着眼泪，姐夫拍着苗苗的头红着眼圈耐心地讲道理，苗苗的奶奶和爷爷不知所措地站在不远处，两位老人略微佝偻着，过了一年，更老了。

"妈妈，我不要妈妈走……"陆续有邻居闻声出来，大家见到这一幕都有些不忍，纷纷劝和："不如再跟领导请几天假，好不容易回来一次，多待几天嘛。"

兰姐憋出一丝得体的微笑，耐心地跟大家解释："公司初八就上班了,我们在路上还要耽误两天,回去就要加班,真的不能请假了。"

大家都不作声了,无奈地看着苗苗气力不支地嘶喊着。

哭吧,如果孩子的眼泪能留住远去的爸爸妈妈,全村的孩子都愿意每天哭一场。

我的喉头哽住一股微酸,上前去把苗苗的头摁在怀里,示意兰姐和姐夫赶紧上车离开。苗苗在我的怀里哭得特别伤心,她说:"妈妈不要我了。"

我赶紧哄着她:"妈妈爸爸没有不要你,妈妈爸爸出去辛苦工作,是为了将来有一天,一家人能够过上更好的日子。"

周围的邻居叹息着,三三两两散去,鞭炮声越来越响。过一会儿,家家户户的饭桌上都会摆上敬财神的饺子,门儿还是要串的,不出正月,见面了还是要问候一句"过年好"。

可是苗苗的新年,注定是要破碎的。

我擦干苗苗脸上的眼泪,把她抱回自己家。我知道,这个时候,她一定最愿意和我在一起,因为在她眼里,我和她的爸爸妈妈同在一个城市,我的身上,留存了更多妈妈的气息。

苗苗的情绪稳定后,又开始问我她妈妈的事情:"妈妈在上海的什么地方上班?"答曰:"离外滩很近。""那外滩又是什么地方……"

我在家还能待十天左右,我跟兰姐约定好,让她每天都发来一段给苗苗的视频或者语音。在我离家返回上海之前,我会教会苗苗的奶奶用智能手机。

那天晚上,我问兰姐:"你们有没有想过,钱是赚不够的,但苗苗的童年只有一次。"

一向不善言语的兰姐发来一句话:"我们这些平头百姓,能想到给孩子最好的爱,就是给她创造优越的生活条件。如果她以后不适应,那我们就陪着她一起适应、重新成长吧,本来就是我们欠她的。"

我无言以对。

在我的老家,像苗苗这样的孩子,还有很多。他们在很小很小的时候,就和父母分离。对于他们来说,爸爸妈妈就是远方寄回来的衣服、玩具、零食、书本,他们的童年,与父母隔着千山万水。我不忍见每一次他们与父母团聚,隔着一道窗怯生生地偷瞄父母的样子,因为割不断的血缘关系,孩子与父母就这样成了最熟悉的陌生人。

只是,迫于生活,分离是这些孩子不得不面对的一堂课。很多人可以轻飘飘地说,"陪伴孩子成长最重要,钱以后可以慢慢赚",他们肯定不知道,现实中有很多父母都面临着"陪伴孩子"和"摆脱生存困境"两个选择,他们比很多人努力百倍千倍;还有人说,"可以把孩子带在身边啊",他们朝九晚五周周双休,自然不知道,很多外出务工的父母,进了工厂,就像机器一样,披星戴月地上班,加班到晚上9点10点是常态,基本没有休息日,倘若有人拎出"劳动者权益"说事,那我只能"赞赏"你纯真。那些留守在老家的孩子,身上背负的是旁人理解不了的人间疾苦,在他们面前,在他们的父母面前,你整日在朋友圈里分享的育儿知识和亲子故事,就像个童话一样。

我的小外甥嘉诚,便是这些孩子中的一员,我妈妈带他整整八年时间。庆幸的是，老家民风淳朴，并不闭塞落后，且交通方便。每一年他过生日的时候，姐姐和姐夫就会请假回来，但全家人一起吹蜡烛的时光，总是很短暂。这些年，嘉诚无数次在姥姥家门口送别自己的父母，他慢慢地适应了父母不在身边的日子，能够平静地接受父母登上远去的大巴车，他从来没有望着渐行渐远的大巴车哭闹不休，只是偶尔会在隔几日时念叨两句："我有点想我爸爸妈妈了。"

我不知道嘉诚早早地懂得离别是好事还是坏事，也不知道父母过少地陪伴于他而言是感情赤字还是人生财富。但我可以确定，将来，他会比很多孩子更容易接受际遇无常，更容易理解聚聚散散，成为一个有温度的孩子。

嘉诚常说："小姨，我觉得我好幸福呀。"

是的，爸爸妈妈很爱他，我很爱他，我弟弟很爱他，他的姥姥姥爷还有爷爷都很爱他。这些爱，很浓烈很浓烈，不会因为隔了很远的距离就变成了其他，他能懂得，真好。

每一个留守儿童都会慢慢长大的，多数都会慢慢放下心里的缺口、惶恐，成为一个更勇敢的人。现实生活中的多数父母，选择背井离乡不是为了追求物欲，而是因为没有其他的选择。也许等苗苗慢慢长大了，她也会明白，人世间有诸多无奈，每一种选择都异常艰难，父母给予孩子的爱也有很多种，分离是其中之一，你可以感到疼痛，但切勿觉得匮乏。

年轻与老迈的时光分水岭

从前唱完歌，大家各奔前程；如今说完再见，我们便退回各自的人生。

我已经整整两年没有去过KTV了。若要追问原因，我承认，一是我苍老在即，身心都已经颓落到只迷恋睡觉这一种放纵方式的地步；二是我找不到愿意陪我去KTV的人，当初那些与我一同在KTV抢麦拼酒的兄弟姐妹，如今，也变成了和我一样的老人。

KTV竟然成了我们年轻与老迈的时光分水岭。

至今，我还记得初来这座北方重工业城市时的惶恐与孤单。那时最快乐的事，便是周五时电话响起，一干熟悉的好友互相约定，下班后，去附近的火锅店或烤肉店AA制聚餐，而KTV必是酒足饭饱后的头牌消遣。

我相信，我们中的每一个人，都曾有过无忧无畏的时光，那便是梦想刚启航、人生刚开始那个时期。那时的我们，常常躲进一间包房里，用自己的方式演绎流行与经典。时光荏苒，歌老人亦老，不知从哪一次聚会开始，我恍然KTV的意义：昏黄暧昧的灯光、熙攘交错的音乐，掩盖着我们卸下伪装的真实面目，以及我们尚未堕落进去的、荒谬的声色世界。

后来，我最喜欢做的事，就是坐在KTV里的一角，静静地看着我一直喜欢的那个人。他有时搂着女友说一些只有这种气氛才能催化出来的情话，有时点一首拿手的曲目唱到身心投入，有时他也和我一样沉默着，既参与了这场狂欢，又释放了自己的孤单。

有首歌唱道：狂欢，是一群人的孤单；孤单，是一个人的狂欢。

我贪婪的，是KTV用它自己的手法尽情涂在我们眼里和心里的保护色。

其实，谁又不是这样呢？

唱到最后，朋友们纷纷没了兴致，于是，各自找想找的人，说想说的话，在狂妄、躁动的尽头，我们打开真实的自己。

我在KTV里读懂了很多无奈与悲凉的故事。

上学时女生们都崇拜的那个学长，如今其实并不爱他的女友，但他顾及她能带给他的生活，于是他学会向现实妥协；喜欢过我的那个人，如今已不记得过去的喜欢，时过境迁，镜头越来越远，我们会笑笑以"当时太幼稚"来化解尴尬，于是彼此变得越来越陌生，转角再遇到，甚至会各走一边；学生时期最风华的那个漂亮姑娘，任性地挥霍了许多真情，最终嫁了最平常无奇的一个人，而她终于慢慢看清自己，当时贪恋的，不过是几多轰烈中的一抹平常、一份踏实，待坠入这红尘滚滚，才明白，现世也并非全部安稳，她不忍再看那个曾热烈追求过她的男生，反复唱着《一生有你》的场面，于是便偷偷躲进灯光永远找不到的角落，我猜，她在哭泣；那个学生时代最沉默的男生，步入社会后，如鱼得水，事业辉煌，风光无限，他过去真心朋友极少，他成功后更甚，那些学生时期被预言前途无限的潜力股，依旧只是这个社会中的潜力股，出人头地似乎遥遥无期，他们用一种陌生的、受伤的眼神，远远地看着曾经默默无闻的他，狠狠吸烟，大口喝酒。

我知道他是我们这里最落魄的一个，连他的笑，都有叹气的心酸味道；我知道她是我们之中第一个失去爸爸的人，这让她变得急迫，她害怕自己成长得太慢，赶不上妈妈衰老的速度；我知道他失业很多次，郁郁不得志，即便他一直在沉默，我也看得到他越来越慌张；我知道她毕业后一直躲在一段不见光的感情里翻滚、煎熬，她与过去的明亮欢快判若两人，活得畏畏缩缩。

我知道，我们所有人，终将走出 KTV，各自去面对真实的、截然不同的人生。所有人也都该明白，KTV 不过是将流落在东西南北的我们，以及我们自身流落在春夏秋冬里的悲伤、欢喜、无奈、妥协，统统集中到一间灯光昏暗、音乐迷离的屋子里，叠加成为一个微缩的世界。于是，不管多么遥远的世态炎凉，不管多么纷繁的悲欢离合，不管多么无常的际遇蹉跎，都被

KTV拉到了我们的身边，让我们在熟悉的人身上，在陌生的变化中，追忆着、怀疑着、失落着、颤抖着。

这便是真实的KTV。我们用我们走过的路，还原了它的本来面目。原来人们酒足饭饱后，尽情消遣的、尽情围观的，是别人之于我们的存在意义，是我们自己不能承重的命运。

后来，我们的聚会，只剩吃吃喝喝，再无KTV。沉溺于昏暗灯光之中，再出来便觉得外面的世界亮得刺眼。生活牵扯着我们的心境，终究让我们没了拿起麦克风表达自己的闲心和力气，在人人都有伤疤不愿被揭穿的现在，KTV的麻醉，真的让人伤感不起。

从前，我们的世界太安静，全都是青春的颜色，所以觉得热闹一点儿很好；现在，我们的生活太喧嚣，千头万绪，在我们得以抽身的时候，只想静一静。

有一句对青春最好的告别词便是：我们老了，唱不动了，也折腾不起了。这句话我说过，我的朋友们都说过。从前唱完歌，大家各奔前程；如今说完再见，我们便退回各自的人生。

还记得自己每次必点的那首《那些花儿》，有一句唱道：有些故事，还没讲完，那就算了吧。是的，我们无法尽善尽美的那些际遇，就让它们全部静静地开着吧。

/怀着忐忑的心情一个人上路/

> 很多时候,我真的好害怕一个人走,可到最后总是发现,正是因为怀着忐忑的心情一个人上路,我如今才能活得一天比一天踏实。

回想起这三十几年时光,我只觉得自己越来越孤单,越来越勇敢。

我的老家在一个偏僻的小山村,贫穷闭塞,大人们对子女的教育并不是太重视,或者很重视但有心无力,不论男孩还是女孩;还有的小孩儿自己不愿意坚持,因为求学很苦。大多数的小孩子,读完小学后少有人能把初中读完,读到高中去考大学者更是寥寥。

小学毕业后,我们班共有二十四名同学升入初中。初中学校在镇上,距家很远,骑自行车需要五十分钟。还记得刚开学时,我和同学们每天都要起得很早,沿路招呼,结伴而行,大家一路有说有笑，不觉疲倦。放学后，再按原路返回。

这段路程，说近不近，说远不远，一日两日多数人都能坚持，但日复一日下来，就不是一件容易的事。尤其是放学后，大家都上了一天课，赶路的时候大多饿着肚子。我至今还记得那样的场景：我们追着西下的夕阳，伴着装在车筐里的空饭盒发出的叮叮当当声，遥望家的方向，那是一条上坡路，我们弓着腰一圈一圈蹬着自行车，那种疲惫，难以言说。若赶上刮风下雨，更加艰难，土路泥泞，摔进泥水坑里更是常事。

初一那年，我有二十几个同路人。

到了初二那年，我剩下十几个同路人。有的同学因为经济原因被动辍学，有的同学因为吃不了这份苦主动退学回家养身板，还有的同学因为羡慕姐姐、哥哥的经济独立而积极要求出门打工。

到了初三那年，我只剩下一个同路人。他是男生，我是女生。

初三课业紧张，夜间还要上晚课，我只能住校。当时学校只有两间宿舍，一间男生宿舍，一间女生宿舍。每间屋子上下两层，可容纳五十几个人，但取暖的设备只有一个用黄土堆的泥炉子。寒冬腊月，我们洗脸洗脚只能用从井里打出的凉水，生理期也是如此。晚上睡觉时，要穿得比白天更多才不会冻醒。当时的食堂非常简陋，每顿一饭一菜，鲜有油水，经济条件好的同学可以出去吃，但像我这样家庭经济情况很差的学生，只能忍着。

我当时并不觉得这有多苦，直到多年后，我发现我从初中开始就不再长个子,我有很多病痛都是在那个时候落下的。

中考过后,我考上了一所普通高中,和我一起读到初三的那个同学落榜复读。

这条路上,到底只剩下我一个人,停下来四处观望,人人都在自己选择的路上走得从从容容,过得现世安稳,只有我的未来不可见。我没有因为自己的坚持而感到骄傲,因为最终只剩下我一个人,我并不喜欢这样的感受。

可是,伴随着我的成长,无论我有多么抗拒,我还是要再三重温这份孤独,别人也是如此。

高考结束后,相处了三年的好朋友各奔东西。但让我感到最快乐的是,我和我同桌考到了一所学校一个院系。大学开学时,我们两个结伴而行,我终于不必一个人走进新的环境。大学四年我们互相依赖,互相做伴,然而毕业后,她去了北京,而我没有。我选择的那个地方,没有人陪我去,只有我一个人。

那是我人生中的第一份工作,一切对我而言都是陌生的。我不知道从哪里打开局面,我不知道谁能与我结伴。那位带我的老师傅,他让我一个人带着水准仪去现场测量数据,我连帮我固定标尺的人都找不到;那位年轻的施工员,他让我一个人去找甲方谈判加土方量,可是甲方监理连跟我说话的耐心都没有。我在那家公司做了一个月,一项完整的工作都没有做好,每天忐忐忑忑,被人支配,东一榔头西一榔头,只明白了一件事:很多事,你要一个人去做;很多路,你要一个人去走。永远不要企图获得别人的指点和庇佑,那只会让你越来越畏缩。

我来到沈阳的时候,还有很多大学好友在这座城市里,尽管有很多很久不联系，但想起他们就安心。我有几个特别要好的朋友，她们比我更早稳定，更早走上人生正轨，在我最难的时候给了我很多的帮助和关怀，她们是我在这座城市的依靠。可是现在，我在沈阳终于稳定下来，但她们一个一个都离开了。

我的上一份工作，虽然赚钱不多，但总体来说安逸稳定。很多人打算在此无忧无虑地混下去一直到退休，我也曾觉得那种忙完了工作，关上门或者随意聊天或者随意发呆的生活很舒适很美好，但我总有些不甘心，我觉得我还年轻，还可以再往前走一走。后来，我挥挥手，一个人出走。

你看，这就是我们的生活。结伴前行的路好走，以后也要一个人走；结伴前行的路不好走，以后还是要一个人走。一个人的路，好走不好走，都要硬着头皮往前走。这世上就没有一个人，能永远在你的身边，无论是你的同学、朋友、同事，还是你的父母、伴侣、子女。

现在，我结婚了，有了终身伴侣，但仍觉得时时都要单独上路。婚姻把我们连在一起，彼此多了一个同路人，但我们各自的路都还在，他有他留恋的风景，我也有我要奔的前程，硬要搅和到一起，那叫绑架，不是陪伴。许多令人感到悲哀、令人感到困顿的婚姻，皆缘于当事者认为结了婚，两个人应该彼此背负，而非比肩前行。

以后，我也许会有自己的孩子。在他还小时，我会做他暂时的领路人，等他开始意识到应该走自己的路，不再想重复我的脚印时，我还是要一个人走。他非要留在我的路上，会搅乱我的余生；我留他在我的路上，会绊住他的脚步。

很多时候，我真的好害怕一个人走，可到最后总是发现，正是因为怀着忐忑的心情一个人上路，我如今才能活得一天比一天踏实。

所以，那些还有得依赖的朋友，你对这个世界的心虚、你对未来的迷惘、你对自身的怀疑，有很大一部分原因是，你不确定一个人上路时能否好好走下去。舍不得有人解忧、有人兜底的现状，又向往一个人的强大和无畏，很多人，就在这种患得患失中度过一生，我愿你，趁生命蓬勃，狠狠心，挥一挥手，和伙伴们告个别，在洪荒中闯出一条小路，真真正正地找到从容生活的底气。

/ 在爱情里学会告别 /

看，这就是最令人感到尴尬的事，悲痛无止境，但肠胃不解风情。任你哭得肝肠寸断、痛彻心扉，肚子饿了还是会不懂事地叩响你的肚皮，打断你诗意决绝的悲伤情绪；你觉得自己马上就要伤心死了，已经无药可救了，可一旦有了尿意，你还不是要一骨碌爬起来去上厕所？

和相处十年以上的男朋友分手，是什么感受？

在微博里翻到这个问题，小周淡淡一笑，随手留言：就像死去又重生。

小周和前任D君的爱情，从高中时开始，在工作三年后结束。两个人互相扶持，一起走过各自最好的时光、最慌乱的岁月、最动荡的年华，一起蜕变，一起融入社会，一起见证彼此从不适慢慢过渡到如鱼得水，一天一天积累，终于把爱情熬成了亲情。就在这个时候，另外一个女孩带着新鲜的爱情出现在D君的人生跑道上，她从小周的手里抢过接力棒，携手和D君开启了新篇章。

失恋后,用小周自己的话说,感觉天都塌了。十年的感情,仿佛一条长河,从遥远的过去缓缓蜿蜒到现在,埋没了关于两人的所有枝枝节节,填补了枝枝节节间的所有缝隙,真的很难把属于自己的十年从中分离,只要她陷入过去,看到的,全部都是两个人的点点滴滴,但物是人非,真的撕心裂肺。

那段时间,我经常去看望小周。她没有办法上班,一口气休掉所有年假,每天窝在家里,只做一件事——哭。她会对着两人的合影默默无语泪两行,也会猛然号啕起来,一只手捂着胸口,边哭边嘶吼着:"我这里真的好痛啊!"哭累了,便趴在地上,双目呆滞,嘴角抽动两下,竟然还能笑出来,我猜她想起了两人某段美好的回忆,转而又意识到,从此后,一切都结束了,那个于她而言最重要的人,把她捧在手心里的人,终究舍她而去,这是多么令人难以置信的事!于是笑着笑着,她又哭了。

她说:"毛毛,我觉得我活不下去了,我不知道以后该怎么办?"

我好言好语相劝,但她总是悖着我的思路。我说,你以后还会遇上更好的人;她便说,不会再有比他更好的人。我说,他现在已经爱上了别人;她便说,也许一段时间后,他会后悔,发现最爱的还是我。我说,你要争气,拿出你过去的骄傲,要活得比他漂亮;她便说,他已经带走我所有的骄傲,我做不到。

她就这样一点一点说服了自己,毫无反抗地坠入悲伤的深渊。从局外人的角度看,这事一目了然,就是 D 君劈腿了啊,有什么可怀疑的？这种男人又有什么值得留恋的？再看小周那副要死要活的样子，我气急了，于是说了句："那你就去死好了，看他会不会来可怜你。"

小周失恋第三天，终于不再哭泣，她跟我说的第一句话是："我饿了。"

看，这就是最令人感到尴尬的事，悲痛无止境，但肠胃不解风情。任你哭得肝肠寸断、痛彻心扉，肚子饿了还是会不懂事地叩响你的肚皮，打断你诗意决绝的悲伤情绪；你觉得自己马上就要伤心死了，已经无药可救了，可一旦有了尿意，你还不是要一骨碌爬起来去上厕所？

开始正视生理需要的小周，终于放下了寻死觅活的心。我带她出去吃了顿大餐，见她已从悲痛的海洋中探出头来，露出了耳朵，听得进好话，便跟她剖析了她和D君相处的始末：一开始他是爱你的，但后来他不爱你了，不管你如何作践自己，他都不可能再回心转意了，你不应该为一个不再爱你的人难过，这样做只能伤害你自己，还有更多爱你的人。

讲真，为了开导她，我把这辈子的"爱情心灵鸡汤"都贡献出来了。小周总算听了一点点进去，迟钝地点点头，答应会努力调整自己。

几日后，小周回到公司上班，在朋友圈里发了很多张灿烂的自拍，写了很多积极向上的口号。但我知道，她的失恋病，还会反复发作的。

果不其然，那天，我正在看综艺节目，小周打来电话，说不上半句话就开始哭，她说她在无意中走进了他们以前常去的咖啡馆，点了他们以前常吃的甜品，总感觉他还没有离开。她想摆脱这种心情，于是狠狠地逃离那家咖啡馆。可是，放眼望去，在这座城市里，处处都留下了他们相爱的痕迹，她感觉街上的每一个男人，好像都是 D 君，她感觉到窒息，没有清净之地。她问我，要不要辞职离开这座城市。

如果每个人失恋了，都要离开与前任共同生活过的城市，那恐怕我国将日日上演人类大迁徙，天天都是春运时。

我说："你要是这么想，我觉得你离开中国会更好，要么你干脆离开地球算了，去火星种土豆吧，日日心系保命口粮，保你个再触景生情。还每个男人都像 D 君？你以为全国的男人都那么渣气盎然？你以为工作那么好找？我告诉你，人生最大的悲哀不是失恋，而是失恋了以后没有钱发泄，只能躲在家里哭！"

经我这样一番刺激，小周总算安分了一段日子。有一天，她约我吃饭。等餐的空当，她忽然翻开朋友圈，说："你看他最近心情不好，好像不顺利的样子，你说他是不是后悔了？"

我只问了句："你怎么还没把他拉黑啊？"

小周低下头，拒绝回答。

结果几天后，她给我打来电话，那股子暴跳如雷的情绪搭乘通信信号冲击着我的鼓膜："那对贱人天天秀恩爱，竟然还去了他曾答应要带我去的帕劳，我这边都伤心得要死，他竟然那么安心，真是薄情！"

我说："如果你真的想要好起来，就马上把他拉黑，从此他的事，与你不相干。你别告诉我，你舍不得、放不下，现实就是你们不可能在一起了，离开你他活得特别好，离开他你过得特别差，你自己掂量，值不值得！"

当天晚上，小周给我发来一条消息："我把他拉黑了，心好痛，十年啊！"

此后，小周陷入极度空虚的情绪中，开始酗酒，暴饮暴食。白天在公司还好好的，下了班，就像变了一个人。常一个人喝到半夜给我打电话，让我帮她送酒钱。我担心她出事，便搬过去陪她同住，做她的垃圾桶，我知道，她已经慢慢接近痊愈的临界点了。

这种荒乱的日子持续半个月，小周变得越来越沉默，常一个人呆坐在沙发里看着窗外，眼睛里有越来越多的内容和故事，她已经在慢慢思考她的过去和将来，伤口正在慢慢结痂。最典型的特征是，她变得更成熟。过去的歇斯底里，慢慢沉淀成微微的忧伤，全部都装在她的眼睛里。

这段时间以来，小周的身体越来越不好，消瘦了很多，还因为喝到胃黏膜脱落进了一次医院，她爸爸妈妈为此千里迢迢赶来，算是彻底触痛了她的内心。因为她终于发现，和生养自己的亲爹亲妈相比，变了心的前男友算个屁啊！

小周病愈出院，送走爸妈，下定决心不再任性地作践自己，慢慢戒了酒，无聊时就听听音乐，或者分享一些超脱的公众号文章，实在没事可做，就抄《金刚经》。我知道，那些"鸡汤文"，她必定逐字逐句读过，她从中找到了很多共鸣，因此开始相信，失恋就像一场感冒，扛过去了，便会产生很强的抵抗力，以后会对际遇得失有更洒脱的见解；扛不过去，让这种痛苦占了上风,慢慢从悲伤到自我怀疑,那人生真的被颠覆了。

然后,她再看看那些文章下面的留言,更会了然。原来,很多人都得过这样的病;原来每个人失恋的心路历程都是大同小异的;原来,所有的放不下和痴心妄想都是这种病的典型症状;原来,想要从头再来,不是剪掉长发就能解决的;原来,只要别抓着不放,过去真的能过去,未来也会准时到来。

人这一生,经历过失恋,也未必是坏事。

很久后的一天,我挽着面貌焕然一新的小周在逛街,好死不死的,偶遇了D君和他的新女友。他们大概是要结婚了,正在看一套大红的床品四件套。我紧张地看了眼小周,但她只是淡淡笑了笑,一脸坦然地从他们身边经过,连头都没有回。

但走到尽头,小周哭了,用力地抱着我。我知道,她放下了。

一晃几年过去,现在的小周,有很爱她的老公,有刚出世的双胞胎宝宝,万事顺遂,可笑谈曾经风云。有一次,我们谈起她失恋的那段疯癫日子,她只说:"我那时候年轻不懂事,只知道作践自己,好幼稚啊。"

我说:"当时真是怎么劝都没用,一根筋,特别偏执。"

她努力回忆那几年的自己,字斟句酌地说:"当时的自己,怎么说呢,其实也知道伤心是没有用的,我只是没有办法和那十年时光说再见,因为,我就在里面啊。我总是想要把自己从那十年中解救出来,但最后,我决定和她告别了,连同那十年。"

是的,爱而不得,才成心魔。未来的路还很长,带着这样的心魔上路,总能牵扯出各种温柔和激烈,各种甜蜜和忧伤,倒不如，直接把那几年时光，当作自己的一个人生阶段；而那个人的使命，就是陪伴我们走过那个阶段，到了下个阶段的关口，与其挣扎不松手，倒不如好好告别，不是与那个人告别，而是与那个阶段的自己告别。

每个人在恋爱的时候，都该上好告别这一课，让自己具备这种面对离别的能力。缘聚缘散，都是结果。当他挥挥手、不回头时，这种能力足以让你告别他的承诺，告别他构筑的童话世界，告别他给予的温柔，告别你们共同走过的路、去过的公园，告别那些年的自己，甘心把这一切都留给过去。过去有美好有残酷，也算圆满，然后潇洒关门，开启下一段旅程。

此时的你，是少了十年光阴的你，但你是全新的。人生就是一个阶段一个阶段地爬行，你带不走过去，偶尔回头看看，也只能看到被你亲手关闭的那扇大门，门后的世界，与此时的你无关，未来的一切都在前方不远处。

那时，你会明白：我不是多么离不开你，我只是舍不得属于我的那段时光，也不太能接受人生原是不同阶段的接力这个现实。因为人人都喜欢长长久久，然而你对我的承诺越不过那扇大门。现在我终于长大，你的无情让我看到了界限，所以在以后的日子里，我可以轻易卸下很多悲伤，坦然接受很多，戛然而止，轻装前行，通关打怪，反手关上一扇又一扇大门，告别一个又一个重要的人。如上天眷顾，赏我最后一程不寂寞，那便是最好的结果。

/我们为什么那么惧怕死亡/

> 有时候,我真的希望这世界少一点深情,因为没有深情便不会有诀别。

每到周末,蔡阿姨起得格外早,隔着一条走廊和一扇门,我常能听见《最炫民族风》的手机铃音不断响起。蔡阿姨像许多老年人一样,讲电话很大声,几乎用了内力的,他们觉得自己只有最大声,对方才能听清楚。

"喂,刘儿啊,我这就好这就好,马上马上啊!你别着急!"

随后传来一阵冲马桶的声音,蔡阿姨趿拉着小拖拉板儿,吧嗒吧嗒连着串了几个屋,也不知收拾些什么,这时电话又响起。

"周儿啊,你们都到了呀,等我一会儿,我泡点养生茶。"

蔡阿姨从前在老年合唱团就是活跃分子,《好日子》是她拿手曲目,声音又脆又响,对于刚醒来的我而言,格外尖厉,再加点翻箱倒柜、哗啦哗啦冲水的小料，顿时觉得心烦，翻来覆去也续不上我的回笼觉，只好起来上厕所。路过她卧室的时候，我一眼瞥见蔡阿姨那身打扮，嚯！花上衣花裤子，色调饱和得有点辣眼睛。

我就知道，她又要出去听讲座了，便赶紧嘱咐她一句："阿姨，您又要听讲座去吧？今天千万别带钱包去，少带点零花钱就得了。"

她好像特别兴奋的样子，说："放心吧，我就去凑个热闹，我保证不花钱买药。"

如果每个听讲座的老年人只要不带钱去现场就不会买药，那人家讲师的营销努力就全都白费了。蔡阿姨每次都说不花钱，但每次听完讲座，隔一天，必定有一个小姑娘或者小伙子拎着水果登门拜访，那股子热乎劲儿，就连蔡阿姨的儿女和孙子也做不到。聊不到十分钟，蔡阿姨必定乖乖掏钱，买上半个疗程。

我成为蔡阿姨的房客有一年多时间，算是亲眼见证了她是如何欢天喜地地把一箱箱保健品搬回家的。我不止一次告诉她，这些保健品啊，最多吃不坏，但真的没有什么大作用，还不如在锻炼和饮食上下功夫，但蔡阿姨就是不信。她的儿女常来探望，为此吵过不止一回，最后开始习以为常，只对我说："她只要别搞得倾家荡产就行，一把年纪了，她开心就好吧，我们管不了了，说多了还以为我们怕她花钱呢。"

蔡阿姨不糊涂，事后回过味儿来，常常也自知上当，但总是控制不住自己。有一天，我问蔡阿姨："您都知道它不管用，干吗总上当？"

蔡阿姨不好意思地笑笑,说:"唉,你不懂的,到了我这个岁数的人,都怕死啊!"

2007年我大学刚毕业,到处找工作,因为年少无知,也曾进入一家诸如此类的不正规的保健品营销机构学习了两天,讲师介绍产品特色只用了两个小时,其余时间全部都在向我们描绘老年人心理,她说:"在向老年人推销时,你们一定要抓住一个关键点,那就是他们特别怕死!"

接下来,她跟我们分享了她在推销过程中是怎样一步一步拿下那些老年客户的:表示关心,给予理解,激发其长生诉求,侧面了解老年人的收入状况和子女的经济水平,确定有消费能力后,再一步一步引导老年人留下家庭住址。他们通常不会现场推销,而是隔日登门拜访,做足功课,建立长期联系,然后坐等送药收钱。

这种步步为营的攻心战略,听起来让人不寒而栗。两天后我退出,第一件事就是关照家里的老年人,千万不要去听什么健康讲座,即便你空着钱袋子去了,看似可以避免中招,实则把自己的软肋拱手奉送,你让他们知道你怕死,他们就一定会让你心甘情愿把药搬回家,只是早晚的问题。

在这个世界上,哪有几个人不怕死呢。正如蔡阿姨,过去受了很多苦累,如今常和儿女有争执,每次气急了都会说"我不如死了算了",可是,当她听闻还有延缓衰老的长寿秘方时,照样会瞪圆了眼睛,每天换着花样冲泡养生茶,乐此不疲。

我在人生最艰难的时候,也常感到绝望,觉得既然生不如死,还不如死了算了。可是,我灰心到何种境地,也没有勇气一了百了。太阳照常升起时，我还是要叹一口气站起来，顽强求生。

因为我们都知道，不管当下多么黯淡，只要还活着，便有希望，死了，就真的什么都没有了。

通常情况下，老年人和重病人，是距离死亡最近的群体。随着自己一天天长大、成熟，我正在或者将要面临更多的死亡，也目睹了很多弥留的老人做最后告别的场景。他们瘦得脸颊凹下去，面色灰黄，几日汤水未进，奄奄一息，但还是一口一口从心底往外拔气，每一口气，异常艰难，从起点到呼出，不知要冲击多少细胞和器官，有多么疼痛，旁人无法感知。而亲友们只能围在周围，眼睁睁地看着他的生命体征逐渐衰弱，直至这最后的抗争，被命运宣布无效。

16岁之前，我心里还没有死亡的概念，直到我奶奶病逝。那时候我才忽然意识到，我爱的所有人，我的家人、朋友，有一天都会死。而我也一样，我也会死掉。那时我从来没想过我会死这件事，忽然想到，只觉得好后怕，因为我根本想不起来，在过去的十几年里，我究竟做了多少与死亡擦肩的事情，无知无畏，知了心累。

从此后，我开始活得小心翼翼。不敢乱吃东西，不再肆意消耗生命，敏感地感知身体的每一处痛痒。说来也奇怪，漫无目的地活着时，一切顺遂；事事禁忌的时候，反倒问题频出，于是畏惧更多。想想看，爸爸妈妈那么爱我，和小崔在一起那么快乐，姐姐疼我，弟弟暖心，还有那么多那么多好朋友关心我，这个世界是多么美好，我很留恋，所以我不想死。为此我常做身体检查，常去找中医调理身体，吃得讲究活得讲究，我就想好好爱惜自己的生命，和爱我的人一起走更远的路，看更多的风景。直到有一天，我的身体出了问题，经历大半年的观察期，算是最近距离接近死亡，我的感受忽然发生了变化。

这大半年，我过得很艰难。但比我更艰难的，是当初那些我舍不得离开的人。我的爸妈姐弟，因挂念我的病情担惊受怕，痛苦万分；我的朋友，总是小心翼翼询问病情，很多关心难受得说不出口；还有小崔，每一次我去拿报告，总能捕捉到他眼里的慌乱和恐惧，虽然他一再安慰我"不会有事的"，但我知道，坏结果他承受不了。我猛然发现，于他们而言，我很重要，比我想象得更重要。

人生最幸福的事，就是知道自己对某些人来说，很重要。有一天，我自己假想，如果将来自己真的要死去，会为什么而难过？

难舍这个美好的世界吗？不是。

觉得自己活得不够长吗？不是。

有很多遗憾没有圆满吗？不是。

而是，我的死，会让那些爱我的人，受苦。

爸爸妈妈会痛不欲生，姐姐弟弟唏嘘不已，朋友们会留下长久的怀念。还有小崔，失去伴侣后孤独面对余生，不可想象。

一想起这些，我真的好难过。一如我在意的人，离开了我，我永远都不能平复伤痛一样。

一直以来，我羡慕那些独自行走江湖、不知出处、不明去处的人，冷酷无情，便不知痛。际遇向来公平，它给了我足够的爱，便会给我等价的痛。人人都只知乐在其中，当它劈手夺走一切时，我们才会知道，大爱便是大痛。

好在，经过大半年的煎熬，我的身体恢复健康，那些爱我的人这才松了一口气。我很感恩，很知足，很快乐，不是因为我不用去死，而是因为我不必去死，那些爱我的人便不必心痛，我便不必因为他们心痛而心疼。

是的，从前我怕死，是因为我不舍得离开我爱的人；如今我怕死，是因为我不舍得让我爱的人，承受失去我的痛苦。我不敢想象，他们失去我后，如何从不接受过渡到适应和习惯，那是怎样一番辗转焦灼的过程，将是怎样一片挥之不去的阴影，笼罩着他们的余生。

有时候，我真的希望这世界少一点深情，因为没有深情便不会有诀别。我们不能承受的并不是离开，而是看着爱的人离开。在生生死死面前，最轻松的，就是离开的人，因为所有的痛，都将由生者来承受。

所以，人人都怕死。我们不是害怕自己失去生命，我们怕的是活着的人做不到不缅怀、不沉痛、不消沉、不难过。我怕我爱的人，逢年过节想起我，从此失去节日快乐；我怕我爱的人，触景生情想起我，从此有不能触碰的禁忌；我怕我爱的人，不能适应我不在，从此生活被扰乱；我怕我爱的人，在夜深人静时，痛到撕心裂肺却连哭都哭不出来。

我懂这种感受，因为我经历过。死亡带走的不仅有死者的生命，更有生者的希望。

现在我早已理解蔡阿姨她为什么那么怕死，时隔多年，我们久不联系,不知她现状如何。我如今也同她的儿女们一样,常气急败坏地和爸妈争执,我怪他们不好好吃饭,怪他们总吃剩菜,怪他们不好好吃水果,怪他们不好好睡觉,怪他们不好好享受,怪他们乱吃药……因为他们越来越老,越来越接近死亡,我已经无法做到心平气和地面对这个现实,因为我有自己不得不正视的痛处:我承受不了他们死去。

有一天,我跟我妈妈发火了,因为她总是不按时吃饭。我哭着说:"你们总是这样不好好保养自己,有没有想过,有一天你们身体出了问题,不在了,我们该怎么办?"

从那以后,我妈妈变得无比听话。她已然意识到自己多活一天的意义,不是她多么怕死,而是她终于知道,我有多么害怕。

爱让死亡变得复杂。如果我死了,我希望我爱的人,都不要伤心,好好生活,彻底忘记我;可是,反过来,如果我爱的人死了,我能做到这样吗?我不能。

所以,告别才是我们终生都要学会做的一道题。每个人的最后一口气,都是他自己的一个新开始,他最不希望变成爱人痛苦的开端。

写下这篇文章,其实是为了治愈自己,也是为了写给爱我的人。因为我的身体一直不好,如果有一天我死了,请所有人都好好的。我提前离开我爱的这个世界,已经够难过了,请不要再让我因为你们难过而难过。

图书在版编目（CIP）数据

允许指点，但谢绝指指点点 / 王小毛著 . — 北京：
人民日报出版社，2017.8
ISBN 978-7-5115-4876-4

Ⅰ.①允… Ⅱ.①王… Ⅲ.①人生哲学－通俗读物
Ⅳ.① B821-49

中国版本图书馆 CIP 数据核字（2017）第 202265 号

书　　名：	允许指点，但谢绝指指点点
作　　者：	王小毛
出 版 人：	董　伟
责任编辑：	程文静
封面设计：	繁体字设计工作室
出版发行：	人民日报出版社
社　　址：	北京金台西路 2 号
邮政编码：	100733
发行热线：	（010）65369509　65369527　65369846　65363528
邮购热线：	（010）65369530　65363527
编辑热线：	（010）65363530
网　　址：	www.peopledailypress.com
经　　销：	新华书店
印　　刷：	北京鑫瑞兴印刷有限公司
开　　本：	880mm×1230mm　1/32
字　　数：	150 千字
印　　张：	7
印　　次：	2017 年 12 月第 1 版　2017 年 12 月第 1 次印刷
书　　号：	ISBN 978-7-5115-4876-4
定　　价：	39.80 元